起重机械和电梯
检验技术研究

徐勇钢　辛琪杰　陈少雄 ——————————— 主编

中国原子能出版社
China Atomic Energy Press

图书在版编目（ＣＩＰ）数据

起重机械和电梯检验技术研究 / 徐勇钢, 辛琪杰,
陈少雄主编 . -- 北京：中国原子能出版社, 2020.7（2021.9重印）
ISBN 978-7-5221-0690-8

Ⅰ.①起… Ⅱ.①徐… ②辛… ③陈… Ⅲ.①起重机
械—检验②电梯—检验 Ⅳ.①TH21②TU857

中国版本图书馆CIP数据核字（2020）第128368号

起重机械和电梯检验技术研究

出　　版	中国原子能出版社(北京市海淀区阜成路43号 100048)	
责任编辑	蒋焱兰（邮箱：ylj44@126.com QQ：419148731）	
特约编辑	单　涛　蒋泽迅	
印　　刷	三河市南阳印刷有限公司	
经　　销	全国新华书店	
开　　本	787 mm × 1092 mm 1/16	
印　　张	17.25	
字　　数	210千字	
版　　次	2020年7月第1版　　2021年9月第2次印刷	
书　　号	ISBN 978-7-5221-0690-8	
定　　价	68.00元	

出版社网址：http://www.aep.com.cn　E-mail：atomep123@126.com
发行电话：010-68452845　　　　　版权所有　侵权必究

前　言

　　起重机械是工业生产中应用极为广泛的设备。政府和企业的安全管理部门，对起重机械作业的安全性越来越重视，制定出一系列的法规、标准、规章制度来保证起重设备的安全运行和起重作业人员的人身安全，并加强了起重机械的安全管理和技术检验工作。起重机械作为一种空间运输的工具，就是将重物的位置进行移动。有了起重机械的存在，可以省去很多的劳动力，将劳动的强度降低，提高了工作和生产的效率。

　　在现代化的生产工作中，起重机械有着不可替代的地位，有些起重机械在生产的过程中甚至能够完成某些特定的技术操作，这就让生产的过程朝着机械化和全自动化的方向发展。在工作的过程中保证安全质量非常重要，随着社会经济科技发展不断前进，能够选用的检验技术变得越来越多。起重机械不同的承载力度，与其所匹配的主体结构是不同的，不同的主体结构中的零件构成也都是不同的，因此选用的检验方法也不同。

　　电梯检验的发展是一个从无到有、从多方管理到单一管理的过程。随着经济的发展，用科学数据对电梯行业进行执法，主要采取行业管理、国家监察、群众监督的管理方式，将特种设备安全监察、检验工作划归质量技术监督部门，使得管理更加规范化、科学化，并将安全技术规范提升到法规等级，实行检验规程的全国统一，大大促进了电梯检验技术的发展。

　　起重机机械和电梯检验技术确保起重机与电梯安全运行的重点，检验技术的实施是否科学合理，会对设备安全带来直接影响。起重机设备和电梯设备的运行状态将会直接决定物流仓储、工程建设、港口运输、商业运作、居民生活的时间效率和工作人员的生命财产安全。因此，检验人员需要及时了解和掌握起重机和电梯的实际运行状态。而随着物联网技术的发展，了解起重机设备的技术特征、运行状态，并进行实时跟踪和监测，准确定位起重机的技术故障，能为技术人员的检修提供参数支撑；研究机械和电梯的检验技术是为人们生活质量的提高和工业的发展提供保障。

目　录

第一章　起重机械及其检验技术概述 ……………………………001

　　第一节　起重机械的分类、组成与结构特点 …………………001

　　第二节　起重机械的参数 ………………………………………005

　　第三节　起重机械的发展趋势 …………………………………009

　　第四节　起重机械检验的分类与检验技术要求………………012

第二章　电梯及其检验技术概述………………………………016

　　第一节　电梯的分类、组成与结构特点 ………………………016

　　第二节　电梯的参数 ……………………………………………021

　　第三节　电梯的发展趋势 ………………………………………023

　　第四节　电梯检验技术的类型和实施要求 …………………026

第三章　起重机械和电梯的常用无损检验技术手段 ………………029

　　第一节　射线检验技术 …………………………………………029

　　第二节　超声波检验技术 ………………………………………046

　　第三节　磁粉检验技术 …………………………………………060

　　第四节　渗透检验技术 …………………………………………074

第四章　起重机械的制造检验技术——以桥架型起重机为例 ………086

　　第一节　金属结构检验技术 ……………………………………086

　　第二节　机械传动系统检验技术 ………………………………099

　　第三节　电气部分的检验技术 …………………………………104

　　第四节　安全防护装置的检验技术 ……………………………119

第五章 起重机械的安装检验技术——以桥架型起重机为例 ………125

第一节 安装检验前的技术准备 ………………………………125

第二节 安装过程检验技术 …………………………………131

第三节 整机性能试验检验技术 ……………………………139

第六章 塔式起重机的安装检验技术 ………………………144

第一节 塔式起重机简述 ……………………………………144

第二节 塔式起重机的结构、机构和零部件检验技术 …………154

第三节 塔式起重机的安全装置、操纵和液压系统的检验技术 …161

第四节 塔式起重机安装、拆卸、操作检验技术 ……………165

第七章 各类电梯的检验技术 ………………………………173

第一节 曳引与强制驱动电梯检验技术 ………………………173

第二节 消防员电梯检验技术 ………………………………183

第三节 防爆电梯检验技术 …………………………………192

第四节 液压电梯检验技术 …………………………………197

第五节 自动扶梯与自动人行道检验技术 ……………………205

第六节 杂物电梯检验技术 …………………………………223

第八章 电梯部件检验检测技术 ……………………………233

第一节 电梯限速器、安全钳、缓冲器和门锁装置的检验项目 …233

第二节 电梯限速器、安全钳、缓冲器和门锁装置的检验技术 …237

第九章 起重机械和电梯检验的新技术 ……………………250

第一节 起重机械检验的新技术
——以机械故障的监测和诊断为例 ………………250

第二节 电梯检验新技术与展望 ……………………………262

参考文献 ………………………………………………………267

第一章 起重机械及其检验技术概述

第一节 起重机械的分类、组成与结构特点

一、起重机械分类

（一）轻小型起重设备

轻小型起重设备是构造紧凑，动作简单，作业范围投影以点、线为主的轻便起重机械。

1. 千斤顶

千斤顶是以刚性顶承件为工作装置，通过顶部托座或底部托爪在小行程内顶升重物的轻小起重设备。

2. 滑车

滑车是定滑轮组、动滑轮组及依次绕过定滑轮组和动滑轮组的起重绳组成的轻小起重设备。

3. 起重葫芦

起重葫芦是加装在公共吊架上的驱动装置、传动装置、制动装置以及挠性件卷放，或夹持装置带动取物装置的轻小型起重设备。

4. 抱杆

抱杆是杆及其附件组成，主要通过牵引机和钢丝绳起吊杆塔等的起吊机具。

5. 卷扬机

卷扬机是动力驱动的卷筒通过挠性件（钢丝绳、链条）起升、运移重物的起重装置。

(二) 起重机

1.桥架型起重机

桥架型起重机取物是装置悬挂在能沿桥架运行的起重小车、葫芦或臂架起重机上的起重机。

2.臂架型起重机

臂架型起重机是取物装置悬挂在臂架上或沿臂架运行的小车上的起重机。

3.缆索型起重机

缆索型起重机是挂有取物装置的起重小车沿固定在支架上的承载绳索运行的起重机。

(三) 升降机

升降机主要是升船机、启闭机、施工升降机和举升机。

(四) 工作平台

工作平台主要为桅杆爬升式升降工作平台与移动式升降工作平台。

二、组成与结构特点

(一) 轻小型起重设备

1.电动葫芦

电动葫芦是将电动机、减速机构、卷筒等集合为一体的起重机械,可以单独使用,也可方便地作为电动单轨起重机、电动单梁或双梁起重机以及塔式、龙门式起重机的起重小车之用。电动葫芦一般制成钢丝绳式,特殊情况下也有采用环链式(焊接链)与板链式(片式关节链)。

2.输变电施工用抱杆

抱杆及顶杆是一种人工立杆的专用工具,一般起立4 m以下的木质单电杆用顶杆。人工起立水泥电杆,一般用抱杆。

(二) 典型起重机的组成及特点

1.桥式起重机

桥式起重机是使用广泛、拥有量最大的一种轨道运行式起重机,其额定起重量从几吨到几百吨。桥架是桥式起重机的金属支承结构。典型的双梁桥式起重机桥架由两根主梁、两根端梁及走台和护栏等部件组成。桥架上安装小车导轨,并安置起升机构及小车行走机构,桥架下面安装大车车轮及其行走机构,构成一台基本完整的双梁桥式起重机。单梁桥式起重机则只有一根桥架,常用于电动葫芦式单梁起重机[①]。

2.门式起重机

门式起重机是桥架通过两侧支腿支承在地面轨道或地基上的桥架型起重机,又称龙门起重机。桥架一侧直接支承在高架建筑物的轨道上,另一侧通过支腿支承在地面轨道或地基上的桥架型起重机,为半门起重机。门式起重机的门架,是指金属结构部分,主要包括主梁、支腿、下横梁、梯子平台、走台栏杆、小车轨道、小车导电支架、操纵室等。门架可分为单主梁门架和双主梁门架两种。

3.塔式起重机

塔式起重机是臂架安置在垂直塔身顶部的可回转臂架型起重机,具有适用范围广、回转半径大、起升高度大、效率高、操作简便等特点,在建筑安装工程中得到广泛的使用,成为一种主要的施工机械,尤其是对高层建筑来说,是一种不可缺少的重要施工机械。塔架是塔式起重机的塔身,其作用是提高起重机工作高度。自升塔式起重机的塔架还装设有液压油缸及其控制系统,组成顶升机构,可以自行顶升安装标准节来增加塔架高度。

4.流动式起重机

流动式起重机是指能在带载或空载情况下,沿无轨路面运动,依靠自重保持稳定的臂架型起重机。流动式起重机主要包括轮式起重机(如轮胎式、汽车式)和履带式起重机。这类起重机大多数由运行底盘与转盘式臂架起重机组成。他们的特点是机动性能好、负荷变化范围大、稳定性好、操纵简单方便、适应性能好,其起重量与工作幅度紧

---

① 袁化临.起重与机械安全[M].2版.北京:首都经济贸易大学出版社,2018.

密相关。其中,轮式起重机使用普遍,履带式起重机一般用于工程施工场合,或适用于路面条件差、调动距离较短的情况。

5.门座起重机

门座起重机是具有沿地面轨道运行,下方可通过铁路车辆或其他地面车辆的门形座架的可回转臂架型起重机,是臂架类回转起重机的一种典型机型。这类起重机由固定部分和回转部分构成,固定部分通过台车架支承在运行轨道上,回转部分通过回转支承装置安装在门架上。

6.铁路起重机

铁路起重机是指能够在铁路线上行走,从事装卸作业及铁路事故救援的臂架型起重机。由于它结构紧凑、耐用、故障少、经济实惠、适合现场作业,因此被广泛地应用于铁路、冶金、化工、机械、水电及矿山等部门。铁路起重机回送时,需要编挂于列车中或单独由机车牵引,在铁路线上运行。

7.桅杆起重机

桅杆又称扒杆或抱杆,它与滑车组卷扬机相配合构成桅杆式起重机。它具有制作简便、安装和拆除方便、起重量较大、对现场适应性较好的特点,因此得到广泛应用。桅杆按材料分类有圆木桅杆和金属桅杆。桅杆起重机由起重系统和稳定系统两个部分组成,其结构形式有独脚式桅杆、人字桅杆、系缆式桅杆和龙门桅杆等,他们均需配备相应的滑车组。

8.旋臂起重机

旋臂起重机作业范围很窄,通常装设在某技术装置的一旁,例如一台机床的旁边,以备装置工件之用。这种起重机的起升机构采用电动葫芦,小车运行及旋转机构用手动。

9.缆索起重机

缆索起重机又称起重滑车,它由两个直立桅杆或两个其他形式的固定支架,系结在两个桅杆(或支架)间的承重缆索,能沿承重缆索移动的起重跑车,悬挂在起重跑车上的滑车组以及起重走绳牵引索和卷扬机构等组成,一般在立柱外侧还要设置缆风绳,以平衡承重缆索等对立柱的拉力。

(三)升降机

1.施工升降机

施工升降机导轨架附着于建筑结构的外侧,它能随着建筑物的施工高度相应接高而不用缆风绳拉结,因而成为高层建筑中比较理想的垂直运输机械,它常与塔式起重机配套使用。施工升降机主要由基础平台、围栏、导轨架、附墙架、吊笼及传动机构、对重装置、电缆导向装置、安装吊杆、电气设备九大部分以及安全保护装置等组成。

2.简易升降机

简易升降机多用于民用建筑,常见的形式有三种,包括井字架(井架、竖井架),门式架(门架、龙门架)和自立架。特点是稳定性好,运输量大,可以架设较大高度,并随建筑物升高而接高。门式架的提升导轨架,主要由两组组合式结构架或两根钢管立杆通过上横梁(天梁)和下横梁连接组合而成。组合式结构架由钢管、型钢或圆钢等相互焊接而成,组合式结构架的截面形式分为方形、角形两种。特点是结构简单、制作容易、装拆方便,适用于中小型民用建筑工程。

第二节　起重机械的参数

一、起重机的技术参数

(一)质量和载荷参数

1.有效起重量

有效起重量是起重机能吊起的重物或物料的净质量。对于幅度可变的起重机,根据幅度规定有效起重量。

2.额定起重量

额定起重量是起重机允许吊起的重物或物料,连同可分吊具质量的总和(对于流动式起重机,包括固定在起重机上的吊具)。对于幅度可变的起重机,根据幅度规定起重机的额定起重量。

3.总起重量

总起重量是起重机能吊起的重物或物料,连同可分吊具上的吊具或属具(包括吊钩、滑轮组、起重钢丝绳以及在臂架或起重小车以下的其他吊物)的质量总和。对于幅度可变的起重机,根据幅度规定总起重量。

4.最大起重量

最大起重量是起重机正常工作条件下允许吊起的最大额定起重量。

5.起重力矩

起重力矩是工作幅度和相应起吊物品重力的乘积。

6.起重倾覆力矩

起重倾覆力矩是起吊物品重力和从载荷中心线至倾覆线距离的乘积,包括压重、平衡重、燃料、油液、润滑剂和水等在内的起重机各部分质量的总和。

7.轮压

轮压是一个车轮传递到轨道或地面上的最大垂直载荷(按工况不同,分为工作轮压和非工作轮压)。

(二)起重机尺寸参数

1.幅度

幅度是起重机置于水平场地时,空载吊具垂直中心线至回转中心线之间的水平距离(非回转浮式起重机为空载吊具垂直中心线至船首护木的水平距离)。

(1)最大幅度

最大幅度是起重机工作时,臂架倾角最小或小车在臂架最外极限位置时的幅度。

（2）最小幅度

最小幅度是臂架倾角最大或小车在臂架最内极限位置时的幅度。

2.悬臂有效伸缩距

悬臂有效伸缩距是离悬臂最近的起重机轨道中心线到位于悬臂端部吊具中心线的距离,起重机水平停车面至吊具允许最高位置的垂直距离。

3.起升高度

起升高度是起重机水平停车面至吊具允许最高位置的垂直距离。对吊钩和货叉,计算至他们的支承表面;对其他吊具,计算至他们的最低点(闭合状态)。

4.下降深度

下降深度是吊具最低工作位置与起重机水平支承面之间的垂直距离。对吊钩和货叉,从其支承面算起;对其他吊具,从其最低点算起(闭合状态)。桥式起重机从地平面起算下降深度,应是空载置于水平场地上方,测定其下降深度。

5.起升范围

起升范围是吊具最高和最低工作位置之间的垂直距离。

6.起重臂长度

起重臂长度是起重臂根部销轴至顶端定滑轮轴线(小车变幅塔式起重机至臂端形位线)在起重臂纵向中心线方向的投影距离。

7.起重机倾角

起重机倾角是在起升平面内,起重臂纵向中心线与水平线的夹角。

（三）运动速度

1.起升(下降)速度

起升(下降)速度是稳定运动状态下,安装或堆垛最大额定载荷时的最小下降速度。

2.微速下降速度

微速下降速度是稳定运动状态下,起重机转动部分的回转角速度。规定为在水平场地上,离地 10 m 高度处,风速小于 3 m/s 时,起重机幅度最大且带额定载荷时的转速。

3.起重机(大车)运行速度

起重机(大车)运行速度是稳定运动状态下起重机运行的速度。规定为在水平路面(或水平轨面)上,离地 10 m 高度处,风速小于 3 m/s 时,起重机带额定载荷的运行速度。

4.小车运行速度

小车运行速度是稳定运动状态下,小车运行的速度。规定为离地面 10 m 高度处,风速小于 3 m/s 时,带额定载荷的小车在水平轨道上运行的速度。

5.变幅速度

变幅速度是稳定运动状态下,额定载荷在变幅平面内水平位移的平均速度。规定为离地 10 m 高度处,风速小于 3 m/s 时,起重机在水平路面上,幅度从最大值至最小值的平均速度。

(四) 一般性能参数

1.工作级别

工作级别应考虑起重量和时间的利用程度以及工作循环次数的起重机械特性。

2.机构工作级别

机构工作级别按机构利用等级(机构在使用期限内处于运转状态的总小时数)和载荷状态划分的机构工作特性。

二、起重机工作级别

起重机工作级别的大小高低由两种能力决定,一是起重机的使用频繁程度,称为起重机利用等级;二是起重机承受载荷的大小,称为起重机的载荷状态。

(一) 起重机的利用等级

起重机在有效寿命期间有一定的工作循环总数。起重机作业的工作循环是从准备起吊物品开始,到下一次起吊物品为止的整个作业过程。工作循环总数表示起重机的利用程度,它是起重机分级的基本参数之一。工作循环总数是起重机在规定使用寿命期间所有工作循环次数的总和。确定适当的使用寿命时,在考虑经济、技术和环境因素的同时也要考虑设备老化的影响。工作循环总数与起重机的使用频率有关。方便起见,工作循环总数在其可能范围内分成10个利用等级($U_0 \sim U_9$)[①]。

(二) 起重机载荷状态

载荷状态是起重机分级的另一个基本参数,它表明起重机的主要机构——起升机构受载的轻重程度。载荷状态与两个因素有关:一个是实际起升载荷与额定载荷之比;另一个是实际起升载荷的作用次数与工作循环总数之比。表示载荷与额定载荷之比和工作循环总数之比关系的线图称为载荷谱。

第三节 起重机械的发展趋势

一、大型化和专用化

工程建设和制造业的发展,对起重机械的起重能力的要求也不断提高,这使得起重机的起重量不断增大,工作范围不断扩大。大型船舶的建造导致大型造船门式起重机的发展,其起重量已达到1500t;大型水电站的建设产生了大起重量的坝顶门式起重机和电站厂房桥式

---

①朱大林. 起重机械设计[M]. 武汉:华中科技大学出版社,2014.

起重机。

针对不同的服务场地、吊装对象,设计制造了专门的起重机,如冶金起重机(包括铸锭起重机、脱锭起重机等),专用于港口装卸的集装箱起重机,水电站建设中用于混凝土浇筑的塔带机等,这些专用起重机械与施工或生产技术联系紧密,其作业能力往往可以影响生产技术的选择和施工进度,这些专用设备已经不是一般意义上的起重机,而是生产技术系统的重要组成部分。

二、标准化、系列化、自动化

对常用的大批量通用起重机械的主要性能参数、主要机构及零部件等实现标准化、系列化,对于提高生产率、降低生产成本、改善产品性能及方便维修保养等方面具有积极的意义,目前国内外许多生产厂家都有自己的系列化产品。

通过无线电遥控、电子计算机操纵,可实现起重机的操作自动化、无人化。

三、成套化、综合化和规模化发展

将各种起重运输机械的单机组合为成套系统,加强生产设备与物料搬运机械的有机结合,提高自动化程度。改善人机系统,通过计算机模拟与仿真寻求参数和机种的最佳匹配与组合,发挥最佳效用。重点发展的有港口散料和集装箱装卸系统、工厂生产搬运自动化系统、自动化立体仓库系统,商业货物配送集散系统、交通运输部门和邮电部门行包货物的自动分拣与搬运系统等。

四、模块化、组合化和通用化

许多通用起重运输机械是成系列、成批量的产品。为了降低制造成本,提高通用化程度,可采用模块组合的方式,用较少规格数的零部件和各种模块组成多品种、多规格和多用途的系列产品,充分满足各类用户的需要,或者将单件小批量生产起重运输机械的方式改换成具有相当批量和规模的模块生产,实现高效率的专业化生产。

五、新材料和结构形式的应用

起重机的大型化,带来对材料的大量消耗,因此减小自重的设计追求显得更有实际意义。采用高强度的材料和合理的结构,对于减小起重机及其金属结构的自重有着重要的作用。在结构方面,除桁架结构、箱形结构外,还采用筒形结构、空腹结构以及大型薄板结构等[①]。

六、计算理论和设计方法以及再造技术

(一)计算理论和设计方法

随着起重机械的发展,极限状态设计法、有限单元法、优化设计、可靠性设计以及计算机辅助设计和辅助工程等,正在越来越广泛地得到研究和应用。

(二)再造技术

1.无损拆卸的技术

再制造拆卸基本方式是非破坏性拆除,根据拆卸的分解水平,拆卸可分为完全拆卸和不完全拆卸。完全拆卸往往不够经济,不完全拆卸是更常用的一种拆卸形式,根据不同的起重机类型,缩合实际的失效部位,提出相应的拆卸路径规划,以实现高效工作。

2.失效机理研究

起重机常见的失效形式有磨损、腐蚀、焊缝裂纹、疲劳损伤等,结合不同的起重机的工况,可针对性地寻找相应的失效原因。在失效方式中,结构件和焊缝的疲劳损伤分析是工程界的难点之一,从损伤力学的基本原理出发,建立适用于金属结构的疲劳损伤有限元分析模型,从而掌握起重机械易出现疲劳损伤的部位,为再制造工艺方案奠定基础。

3.寿命预测方法

寿命预测模型的建立需要综合考虑材料、载荷、制造、服役等多方

---

①金涵逊,殷晨波.起重机械发展趋势——再制造技术探究[J].科技传播,2014,6(07):106+103.

面的因素。结合腐蚀和损伤的动力学过程模拟,建立符合实际工况的多因素非线性耦合作用下零部件的寿命的预测模型,从而准确评估零部件剩余寿命。

4.再制造过程的模拟与仿真

结合具体的再制造工艺,采用数值或有限元法对零部件的表面及其涂层体系的一系列行为进行模拟分析以研究表面及其涂层体系的失效机理,并可对表明涂层的使用性能进行预测,对修复热处理工艺过程进行模拟和仿真,以便优化大型零部件的热处理工艺。

第四节 起重机械检验的分类与检验技术要求

一、起重机械检验的分类

(一) 设计阶段检验

开展设计阶段的质量检验有很多实施阶段的方法需要研究,除了进行设计审查,公认的一种方式就是通过试验过程来检验设计质量,所以相关产品标准中有型式试验的要求。

型式试验是指根据一个或多个代表生产产品的样品进行的合格测试;而合格测试则是指通过测试进行的合格评价;合格评价是指对产品、过程或服务达到规定要求的程度所进行的系统的检查。

企业生产产品的样品依据相关规定要求,通过测试而进行的系统性检查。这就意味着型式试验是指新产品定型前必须进行的一项全面试验,它不仅要做产品全项特性的试验(全部性能指标),还要做零部件合理性及该产品在国家标准规定的条件下运行的适应性试验。型式试验通常没有周期性,因为它针对的是产品设计的符合性,而不是针对产品的稳定性。对于通用产品来说,型式试验的依据是产品标准。

对管理的起重机械而言,其型式试验的目的是为取得制造许可资格而进行的,型式试验的主要依据是相关类别起重机械的型式试验细则,是特种设备安全监督管理部门对产品进行行政许可的一个前置程序。可以理解为指由负责特种设备安全监督管理部门核准的特种设备型式试验机构对起重机械产品、安全保护装置是否满足安全要求而进行的全面的技术审查、检验测试和安全性能试验,重点是验证样品的安全可靠性。

(二)制造阶段检验分类

起重机制造过程包括原材料采购、零部件制作或外协(分包)、整机制造、安装与调试(安装过程常被认为是制造过程的延续),其中原材料或零部件常是采购或外协(分包),而整机则常由制造厂独立完成,安装与调试有时自主完成,有时外包。按照生产的不同环节,有进货检验(分包也是采购的一部分)、过程检验和最终检验三个工序。

(三)使用阶段检验分类

伴随着产品全生命周期质量管理理论的普及和物联网技术的发展,越来越多的制造企业关注使用阶段的质量检验。为了保证起重机械的使用性能,以获得良好的技术指标,需要对起重机械进行智能化检验,即对产品的工作状态、工作参数及其工作过程实现实时监测,这是保证起重机械正常有效运转的重要措施,也是使用阶段的检验内容和相关管理规范。

二、起重机械检验技术要求

(一)起重机械金属结构制作和安装施工的检测技术要求

1.焊缝等级

全焊透熔化焊焊接接头的焊缝等级应符合《起重机械无损检测钢焊缝超声检测》(JB/T 10559—2018)中焊缝等级的分级规定。

2.焊缝内部缺陷的检验

焊缝内部缺陷的检验应符合下列要求:1级焊缝应进行100%检

验。采用超声波检验时其评定合格等级应达到1级焊缝的验收准则要求。采用射线检验时,其评定合格等级不应低于2级。2级焊缝可根据具体情况进行抽检,采用超声波检验时其评定合格等级应达到2级焊缝的验收准则要求。采用射线检验时,其评定合格等级同样不应低于2级。3级焊缝可根据具体情况进行抽检,采用超声波检验时其评定等级应达到3级焊缝的验收准则要求。射线探伤检验不作规定。

3.表面探伤

有下列情况之一时应进行表面探伤:外观检查怀疑有裂纹,设计文件规定,检验员认为有必要时。起重机无损检测借助电磁技术的无损检验可作为外观检验的辅助检验,用以确定钢丝绳损坏的区域和程度。拟采用电磁方法以NDT(无损检测)对外观检验效果进行复验时,应在钢丝绳安装之后尽快地进行初始的电磁NDT(无损检测)①。

4.起重机钢丝绳报废标准

按《起重机钢丝绳保养、维护、检验和报废》(GB/T 5972—2016)中有关规定,钢丝绳的安全使用由下列各项标准来判定:断丝的性质和数量;绳端断丝;断丝的局部聚集;断丝的增加率;绳股断裂;绳径减小,包括由绳芯损坏所致的情况;弹性降低;外部和内部磨损;外部和内部锈蚀;变形;由于受热或电弧的作用引起的损坏;永久伸长率。

(二)起重机械监督检验和定期检验的无损检测要求

1.制造监督检验的无损检测要求

《起重机械制造监督检验规则》(TSG Q7001—2006)规定:制造厂所选用的无损检测方法、比例和合格等级应当符合设计文件和相关规范、标准。出具的无损检测报告或射线底片应当合法有效,并且符合相关标准。监检人员抽查底片数量的比例不小于该台产品射线检测数量的20%。

---

①刘少武.起重机械检验数据挖掘系统的设计与实现[D].太原:太原科技大学,2011.

2.安装、改造、维修监督检验的无损检测要求

无损检测对于主要受力构件分段制造现场组装,主要受力构件在现场改造或重大维修的起重机械,其现场焊接的焊缝应当进行无损检测,检查记录应当包含无损检测报告。

3.定期检验的无损检测要求

用于特殊场合的钢丝绳,使用中产生以下情况时,应当予以报废;吊运炽热金属、熔融金属或者危险品的起重机械用钢丝绳的报废断丝数达到按照所规定的钢丝绳断丝数的一半(包括钢丝绳表面腐蚀进行的折减);防爆型起重机钢丝绳有断丝。

第二章 电梯及其检验技术概述

第一节 电梯的分类、组成与结构特点

一、电梯的分类

(一) 载人 (货) 电梯

载人(货)电梯是服务于规定楼层的固定式升降设备。它具有一个轿厢,运行在至少两列垂直的或斜角小于15°的刚性导轨之间。轿厢尺寸与结构形式便于乘客出入或装卸货物,按其用途可细分为以下十类。

1.乘客电梯

为运送乘客而设计的电梯。适用于高层住宅以及办公大楼、宾馆、饭店的电梯,用于运送乘客,要求安全舒适,装饰新颖美观,可以手动或自动控制操纵。常见的是有/无司机操纵两用。轿厢的顶部除吊灯外,大都设置排风机,在轿厢的侧壁上设有回风口,以加强通风效果。

2.载货电梯

通常有人伴随,主要为运送货物而设计的电梯。载货电梯要求结构牢固、安全性好。为节约动力装置的投资和保证良好的平层精度常取较低的额定速度,轿厢的容积通常比较宽大,一般轿厢深度大于宽度或两者相等。

3.客货两用电梯

客货两用电梯主要用做运送乘客,但也可运送货物的电梯。它与乘客电梯的区别在于轿厢内部装饰结构不同,常称此类电梯为服务电梯。

4.病床电梯

为运送病床(包括病人)及医疗设备而设计的电梯。它的特点是轿厢窄而深,常要求前后贯通开门,对运行稳定性要求较高,运行中噪声应力求减小,一般有专职司机操作[①]。

5.住宅电梯

供居民住宅楼使用的电梯,主要运送乘客,也可运送家用对象或生活用品,多为有司机操作,额定载重时为400 kg、630 kg、1000 kg等,其相应的载客人数为5、8、13人等,速度在低、快速之间。其中载重量630 kg的电梯,轿厢还允许运送残疾人员乘坐的轮椅和童车;载重量达1000 kg的电梯,轿厢还能运送"手把可拆卸"的担架和家具。

6.杂物电梯(服务电梯)

运送一些轻便的图书、文件、食品等,但不允许人员进入轿厢,由厅外按钮控制。

7.船用电梯

固定安装在船舶上为乘客、船员或其他人员使用的提升设备,它能在船舶的摇晃中正常工作,速度一般≤1 m/s。

8.观光电梯

井道和轿壁至少有一侧透明,乘客可观看到轿厢外景物的电梯。

9.车用电梯(即汽车电梯)

用作运送车辆而设计的电梯。如高层或多层车库、立体仓库等处都有使用,这种电梯的轿厢面积都大,要与所装用的车辆相匹配,其构造则应充分牢固,有的无轿顶,升降速度一般都较低(小于1 m/s)。

10.其他电梯

用做专门用途的电梯,如冷库电梯、防爆电梯、矿井电梯、建筑工程电梯等。

---

①刘勇,于磊.电梯技术[M].北京:北京理工大学出版社,2017.

（二）自动扶梯

带循环运动,梯路向上或向下倾斜输送乘客的固定电力驱动设备。

（三）自动人行道

带有循环运行(板式或带式)走道,用于水平或倾斜角不超过12°输送乘客的固定电力驱动设备。

二、电梯的组成与结构特点

电梯是机械、电气、电子技术一体化的产品。机械部分如同人的身体,是执行机构;各种电气线路如同人的神经,是信号传感系统;控制系统则好比人的大脑,分析外来信号和自身状态,并发出指令让机械部分执行。各部分密切协同,使电梯能可靠运行。

（一）载人（货）电梯的组成和结构特点

载人(货)电梯中最为典型的曳引驱动电梯由八大系统组成。

1.曳引驱动系统

第一,功能。输出与传递动力,驱动电梯运行。

第二,组成。组成部分主要包括曳引机(电动机、制动器、减速箱、曳引轮等)、曳引钢丝绳、导向轮、反绳轮等。

第三,工作原理,电动机通过联轴器(制动轮)传递给减速箱蜗杆轴,蜗杆轴通过齿啮合带动蜗轮旋转,与蜗轮同轴装配的曳引轮亦旋转。由于轿厢与对重装置的重力使曳引钢丝绳与曳引轮绳槽间产生了摩擦力,该摩擦力就带动了钢丝绳使轿厢和对重作相对运动,使轿厢在井道中沿导轨上下运行。

2.导向系统

第一,功能。限制轿厢和对重的活动自由度,使其能沿着导轨作升降运动。

第二,组成。组成部分主要包括导轨、导靴和导轨架。

3.轿厢

第一,功能。运送乘客和(或)货物,是电梯的工作部分。

第二,组成。组成部分主要包括轿厢架(固定轿厢体的承重结构)和轿厢(轿厢底、轿厢壁、轿厢顶)。

4.门系统

第一,功能。封住层站入口和轿厢入口。运行时层门、轿厢门必须封闭,到站时才能打开。

第二,组成。主要为轿厢门、层门、开门机、门锁等。

第三,工作原理。开门机安装在轿厢门口处,由电动机通过减速机构,再通过传动机构带动轿厢门开启或关闭。电梯到站时,安装在轿厢门上的门刀卡入层门上门锁,从而锁往滚轮,轿厢门开启或关闭时通过门刀与门锁带动层门开启或关闭。开门时门刀拨动门锁滚轮使锁钩打开(解锁),关门时则通过弹簧等使锁钩啮合,以防止门在运行中打开。

5.重平衡装置

第一,功能。相对平衡轿厢重量以及补偿高层电梯中曳引绳长度的影响。

第二,组成。组成部分主要包括对重和重量补偿装置。

6.电力拖动系统

第一,功能。提供动力,对电梯实行速度控制。

第二,组成。组成部分主要包括曳引电动机、供电系统、速度反馈装置、电动机调速装置等。

第三,工作原理。电梯运行时,经历了加速起动、稳速运行、减速停靠等几个阶段。电力拖动系统除给电梯运行提供动力外,还对电梯的几个运行阶段起控制作用,以保证电梯的乘坐舒适、准确平层和可靠制动。目前使用最多的是交流变压变频调速系统,通过变频装置,对电源频率和电动机定子电压同时进行调节,即可使电梯平稳地加速和减速。采用这种调速方法,电梯运行平稳、舒适感好、能耗低、故障少。交流变压变频调速系统已成为电梯的主流调速系统。

7.电气控制系统

第一,功能。对电梯的运行实行操纵和控制。

第二,组成,主要包括操纵装置、位置显示装置、控制屏(柜)、平层装置等。

第三,工作原理。将操纵装置、平层装置、各种限位开关、光电开关、行程开关等发出的信号;送入控制系统,由控制系统按照预先编制好的程序,对各种输入信号进行采集、分析,判断电梯的状态和服务需求,经过运算后,发出相应指令,使电梯按照自身状态(是否在运行,门是开还是关,是否已平层,目前在哪个楼层等)和服务需求(上召唤,下召唤,选层等)来做出相应反应。

8.安全保护系统

第一,功能。保证电梯安全使用,防止一切危及人身安全的事故发生。

第二,组成。组成部分主要包括限速器—安全钳联动超速保护装置,缓冲器,超越上下极限位置时的保护装置,层门与轿厢门的电气联锁装置(包括正常运行时不可能打开层门、门开着不能起动或继续运行,验证层门锁紧的电气安全装置,紧急开锁与层门自动关闭装置,自动门防夹装置),紧急操作和停止保护装置,轿厢顶检修装置,断错相保护装置等。

(二) 自动扶梯的组成和结构特点

自动扶梯由梯级、牵引链条、梯路导轨系统驱动装置、张紧装置、扶手装置和金属结构等若干部件组成。

自动扶梯是连续工作的,输送能力高,所以在人流集中的公共场所,如商店、车站、机场码头、地铁站等广泛使用。自动扶梯比间歇工作的电梯具有如下优点:①输送能力大;②人流均匀,能连续运送人员;③停止运行时,可作普通楼梯使用。

(三) 自动人行道的组成和结构特点

踏板式自动人行道的结构与自动扶梯基本相同,由踏板、牵引链条(或输送带)、梯路导轨系统、驱动装置、张紧装置、扶手装置和金属结构组成。

自动人行道也是一种运载人员的连续输送机械,它与自动扶梯的不同之处在于,运动路面不是梯级,而是平坦的踏板或胶带。因此,自动人行道主要用于水平和微倾斜输送,且平坦的踏板或胶带适合于有行李或购物小车伴随的人员输送。

第二节 电梯的参数

一、电梯的主参数

(一) 额定载重量

额定载重量是指电梯设计所规定的轿内最大载荷。乘客电梯、客货电梯、病床电梯通常采用 320 kg、400 kg、630 kg、800 kg、1000 kg、1250 kg、1600 kg、2000 kg、2500 kg 等系列,载货电梯通常采用 630 kg、1000 kg、1600 kg、2000 kg、3000 kg、5000 kg 等系列,杂物电梯通常采用 40 kg、100 kg、250 kg 等系列。

(二) 额定速度

额定速度是指电梯设计所规定的轿厢速度。标准推荐乘客电梯、客货电梯、病床电梯采用 0.63 m/s、1.00 m/s、1.60 m/s、2.50 m/s 等系列,载货电梯采用 0.25 m/s、0.40 m/s、0.63 m/s、1.00 m/s 等系列,杂物电梯采用 0.25 m/s、0.40 m/s 等系列。而实际使用上则还有 0.50 m/s、1.50 m/s、1.75 m/s、2.00 m/s、4.00 m/s、6.00 m/s 等系列[1]。

二、电梯的基本规格

(一) 额定载重量

额定载重量是电梯设计所规定的轿厢内最大载荷(kg)。

---

[1]杨林,李春生,孔凡雪. 电梯的安全管理[M]. 北京:现代教育出版社,2016.

(二) 轿厢尺寸

轿厢内部尺寸(m)：宽×深×高。

(三) 轿厢形式

轿厢形式主要是单面开门、双面开门或有其他特殊要求，包括轿顶、轿底、轿壁的表面处理方式，颜色选择，装饰效果，是否装设风扇、空调或电话对讲装置等。

(四) 轿门形式

常见轿门有栅栏门、中分门、双折中分门、旁开门及双折旁开门等。

(五) 开门宽度

开门宽度是轿厢门和层门完全开启时的净宽度(mm)。

(六) 开门方向

对于旁开门，人站在轿厢外，面对层门，门向左开启则为左开门，反之为右开门；两扇门由中间向左右两侧开启则称为中分门。

(七) 曳引方式

曳引方式即曳引绳穿绕方式，也称为曳引比，指电梯运行时，曳引轮绳槽处的线速度与轿厢升降速度的比值。

(八) 额定速度

额定速度是电梯设计所规定的轿厢运行速度(m/s)。

(九) 电气控制系统

电气控制系统包括电梯所有电气线路采取的控制方式、电力拖动系统采用的形式等。

(十) 停层站数

凡在建筑物内各楼层用于出入轿厢的地点称为停层站，其数量为停层站数。

(十一) 提升高度

提升高度是底层端站楼面至顶层端站楼面之间的垂直距离(m)。

（十二）顶层高度

顶层高度是顶层端站楼面至机房楼面或隔声层楼板下最突出构件之间的垂直距离（m）。

（十三）底坑深度

底坑深度是底层端站楼面至井道底面之间的垂直距离（m）。

（十四）井道高度

井道高度是井道底面至机房楼板或隔声层楼板下最突出构件之间的垂直距离（m）。

（十五）井道尺寸

井道尺寸为：井道的宽（m）×深（m）。

第三节 电梯的发展趋势

一、绿色节能电梯需求旺盛

建设节约型社会已成为我国政府多年来的工作重点。电梯作为能耗大户，使用节能电梯已成大势所趋，绿色节能成为电梯行业发展的主要方向。实现电梯节能主要有以下三个途径：首先，改进机械传动和电力拖动系统；其次，可以采取能量回馈技术，将电容中多余的电能转变为与电网同频率、同相位、同幅值的交流电能回馈给电网，可以提供给小区照明、空调等其他用电设备；最后，使用LED发光二极管更新电梯轿厢常规使用的白炽灯、日光灯等照明灯具，可节约照明用量90%左右，灯具寿命是常规灯具的30~50倍。LED灯具功率一般仅为1W，无热量，而且能实现各种外形设计和光学效果，美观大方。

二、服务需求升级，维保人员需求大增

规范电梯维护保养行为，提升维护保养质量自然成为未来电梯企

业工作的重要发展趋势。随着用户对服务需求的日益提升,电梯行业的竞争将逐步由单一的产品竞争向包含服务在内的多方面、全过程过渡。近年来,全国各地加大了对电梯运行的监督检查,一些地方政府对电梯维修保养作出了新的规定。多年来,一直以新装电梯为主导的中国电梯市场,将迎来新装与维保并重的时代,因此对具备相关资质的安装、维修人员的需求也大增,并呈现供不应求的态势。

三、超高速电梯继续成为研究方向

未来我国可用于建筑的土地面积越来越少,这就要求建筑物越来越高,高层建筑的增多,必然带来对高速电梯的需求,超高速电梯依然会成为行业的研究方向。超高速电梯的研究继续在采用超大容量电动机、高性能微处理器、减振技术、新式滚轮导靴和安全钳、永磁同步电动机、轿厢气压缓解和噪声抑制系统等方面推进。

四、智能群控技术引领行业发展

在电梯产品日趋同质化时,智能群控技术将引领行业发展新潮流。虽然智能群控技术已经得到了应用,但应用的范围有限,主要集中在大型酒店、宾馆以及高档写字楼内。电梯群控系统是指在一座大楼内安装多台电梯,并将这些电梯与一部计算机连接起来。该计算机可以采集到每个电梯的各种信号,经过调度算法的计算向每部电梯发出控制指令。总之,电梯群控技术能够根据楼内交通量的变化,对每部电梯的运行状态进行调配,目的是达到梯群的最佳服务及合理的运行管理。传统的群控算法只有一个目标,即最小候梯时间。此外,用互联网监控电梯,就是在电梯轿厢原来的监控设备上安装传感器,传感器会对电梯里的视频、音频、运行状态等数据进行24h实时监控。采集到的数据,会通过电信网络传输到应急处置中心,中心平台能据此进行在线故障分析、诊断,及时告知救援人员[1]。

---

[1]刘富海. 智能电梯工程控制系统技术与应用[M]. 成都:电子科技大学出版社,2017.

五、电梯新技术的应用已经成为电梯发展的主要趋势

(一) 楼层厅站登记系统

楼层厅站登记系统操纵盘设置在各层站候梯厅,操纵盘号码对应各楼层号码。乘客只需在呼梯时登记目的楼层号码,就会知道应该去乘梯组中哪部电梯,从而提前去厅门等候。待乘客进入轿厢后不再需要选层,轿厢会在目的楼层停梯。由于该系统的操作便利及结合强大的计算机群控技术,使候梯和乘梯时间缩减。该系统的关键是处理好新召唤的候梯时间对原先已安排好的召唤服务时间的延误问题。

(二) 双层轿厢电梯

双层轿厢电梯有两层轿厢,一层在另一层之上,同时运行。乘客进入大楼1楼门厅,如果去单数楼层就进下面一层轿厢;如果去双数楼层则先乘1楼和2楼之间的自动扶梯,到达2楼后进入上面一层轿厢。下楼离开时可乘坐任一轿厢,而位于上层轿厢的乘客需停在2楼,然后乘自动扶梯去1楼离开大楼。双层轿厢电梯增加了额定容量,节省了井道空间,提高了输送能力,特别适合超高层建筑往返空中大厅的高速直驶电梯。双层轿厢电梯要求相邻的层高相等,且存在上下层乘客出入轿厢所需时间取最大值的问题。

(三) 集垂直运输与水平运输的复合运输系统

集垂直运输与水平运输的复合运输系统采用直线电动机驱动,在一个井道内设置多台轿厢。轿厢在计算机导航系统控制下,可以在轨道网络内交换各自运行路线。该系统节省了井道占用的空间,解决了超高层建筑电梯钢丝绳和电缆重量太大的问题,尤其适合于具有同一底楼的多塔形高层建筑群中前往空中大厅的穿梭直驶电梯。

(四) 交流永磁同步无齿轮曳引机驱动的无机房电梯

无机房电梯由于曳引机和控制柜置于井道中,省去了独立机房,节约了建筑成本,增加了大楼的有效面积,提高了大楼建筑美学的设计自由度。

(五) 彩色大屏幕液晶楼层显示器

彩色大屏幕液晶楼层显示器可以以高分辨率的彩色平面或三维图像显示电梯的楼层信息(如位置、运行方向),还可以显示实时的载荷、故障状态等。通过控制中心的设置还可以显示日期、时间、问候语、楼层指南、广告等,甚至还可以与远程计算机和寻呼系统连接发布天气预报、新闻等,有的显示器还增加了触摸查询功能。

(六) 电梯远程监控系统

电梯远程监控系统是将控制柜中的信号处理计算机获得的电梯运行和故障信息,通过公共电话网络或专用网络(都需要使用调制解调器)传输到远程的能够提供可视界面的专业电梯服务中心的计算机中,以便服务人员掌握电梯运行情况,尤其是故障情况。该系统一般具有显示故障、分析故障、故障统计与预测等功能,还可实现远程调试与操作,便于维修人员迅速进行维修应答和采取维修措施。这样缩短了故障处理时间,简化了人工故障检查的操作,保证大楼电梯安全高效运行。

第四节 电梯检验技术的类型和实施要求

一、电梯检验技术类型

电梯检验技术主要分为型式试验、监督检验与定期检验三类。

(一) 型式试验、监督检验与定期检验定义

型式试验是电梯新产品鉴定中必不可少的一个环节。只有通过型式试验,该产品才能正式投入制造。监督检验是指由国家质量监督检验检疫总局核准的特种设备检验检测机构,根据技术规范,如《电梯监督检验和定期检验规则——曳引与强制驱动电梯》(TSG T7001—

2009）等，在施工单位自检合格的基础上，对电梯安装、改造、重大维修过程进行的监督检验。定期检验是指由国家质量监督检验检疫总局核准的特种设备检验检测机构，根据技术规范，在维护保养单位自检合格的基础上，对在用电梯定期进行的检验①。

（二）型式试验、监督检验与定期检验的适用范围

第一，根据特种设备安全技术规范《电梯型式试验规则》（TSG T7007—2016）规定，对《电梯型式试验规程适用产品目录》（以下简称《目录》）所列产品凡属下列情况之一的，必须进行型式试验：①新产品、新投产或老产品转厂生产的；②《影响型式试验结果的电梯配置与参数变更表》中明确的电梯整机部件配置、主要参数发生变更的；③《电梯型式试验规程适用产品目录》所列各种类型整机或各种型式部件停产1年以上（含1年）恢复生产的；④进口电梯的同类型首台产品或者部件；⑤列入《目录》的安全保护装置及主要部件每2年进行1次（取得电梯制造许可企业制造的主要部件每4年进行1次）；⑥总局特种设备安全监察机构或电梯制造许可受理机构提出型式试验要求的。

第二，对新安装的电梯以及改造或重大维修的电梯应进行监督检验。

第三，对在用电梯应进行定期检验。对于因发生自然灾害或者设备事故而使其安全技术性能受到影响的电梯以及停止使用1年以上再次使用前的电梯，也应进行定期检验。

（三）型式试验、定期检验的周期

对于在用电梯，根据技术规范，对定期检验所列项目，每年进行1次定期检验。对电梯整梯来说，整梯产品型式试验的报告和证书是长期有效的，但出现下列三类情况则需要重新做型式试验。

第一，当明确的电梯整机部件配置或其主要参数在规定方向上发生变更时（即电梯主参数超出原型式试验合格证正面的参数覆盖范围，或者电梯的部件配置相对原型式试验合格证背面配置表中的配置

---

①许林，童宁. 电梯安全检验技术[M]. 合肥：安徽人民出版社，2014.

发生变化时）。

第二，当型式试验依据的规定，或者型式试验细则所依据的产品强制性标准发生较大变化时。

第三，当国家质量监督检验检疫总局对某型号电梯整梯提出型式试验要求时。对电梯部件产品型式试验的要求相对来说更为严格一些。当型式试验依据的规定，或者型式试验细则所依据的产品强制性标准发生较大变化时需要重新做型式试验。另外，当国家质量监督检验检疫总局对某部件提出型式试验要求时则需要重新做型式试验。

二、电梯检验实施要求

(一) 电梯金属结构制作和安装施工的检测要求

钢丝绳的公称直径不应小于 8 mm。曳引轮或滑轮的节圆直径与钢丝绳公称直径之比不应小于40。

(二) 电梯监督检验和定期检验的无损检测要求

检验要求符合《电梯监督检验和定期检验规则——曳引与强制驱动电梯》（TSG T7001—2009）、《电梯监督检验和定期检验规则——消防员电梯》（TSG T7002—2011）、《电梯监督检验和定期检验规则——防爆电梯》（TSG T7003—2011）、《电梯监督检验和定期检验规则——液压电梯》（TSG T7004—2012）、《电梯监督检验和定期检验规则——杂物电梯》（TSG T7006—2012）的规定。

钢丝绳磨损、断丝变形需要定期检验。出现下列情况之一时，悬挂钢丝绳和补偿钢丝绳应当报废：①出现笼状畸变、绳芯挤出、扭结、部分压扁、弯折；②断丝分散出现在整条钢丝绳上，任何一个捻距内单股的断丝数大于4根或者断丝集中在钢丝绳某部位或一股，一个捻距内断丝总数大于12根（对于股数为6的钢丝绳）或者大于16根（对于股数为8的钢丝绳）；③磨损后的钢丝绳直径小于钢丝绳公称直径的90%。采用其他类型悬挂装置的，悬挂装置的磨损、变形等应当不超过制造单位设定的报废指标。

第三章 起重机械和电梯的常用无损检验技术手段

第一节 射线检验技术

一、射线检验技术条件的选择

了解射线检验技术条件的选择前,首先要了解一下现行特种设备射线检验常用标准对射线检验技术的分级,因为一些技术条件的选择与检验技术等级相关。

《承压设备无损检测第2部分:射线检测》(NB/T 47013.2—2015)射线检验技术等级选择应符合制造、安装、在用等有关标准及设计图样规定。承压设备对接焊接接头的制造、安装、在用时的射线检测,一般应采用AB级射线检验技术进行检测。对重要设备结构、特殊材料和特殊焊接技术制作的对接焊接接头,可采用B级技术进行检测。本部分将射线检验技术分为三级:A级—低灵敏度技术;AB级—中灵敏度技术;B级—高灵敏度技术。

(一) 射线能 (射线源种类) 的选择

选择射线源的首要因素是射线源所发出的射线对被检工件具有足够的穿透力。从保证射线照相灵敏度讲,射线能量增高,衰减系数减小,底片对比度降低,固有不清晰度增大,底片颗粒度也增大,其结果是射线照相灵敏度下降。但如果选择射线能量过低,穿透力不够,到达胶片的透照射线强度过小,则造成底片黑度不足,灰雾度增大。

对于 X 射线源来讲,穿透力取决于管电压。管电压越高则射线的质越硬,穿透厚度越大,在工件中的衰减系数越小,灵敏度下降。对于 γ 射线源来讲,穿透力取决于射线源的种类。由于射线源发出的射线能量不可改变,因而用高能射线透照薄工件时,会出现灵敏度下降的现象。因此,两个常用射线检验标准对于射线源的选择不仅规定了透照厚度的上限,而且规定了透照厚度下限。

(二)焦距的选择

焦距对照相灵敏度的影响主要表现在几何不清晰度上。由几何不清晰度定义可知,焦距 F 越大,几何不清晰度值越小,底片上的影像越清晰。因此,为保证射线照相的清晰度,标准对透照距离的最小值有限制,《承压设备无损检测第 2 部分:射线检测》(NB/T 47013.2—2015)和《焊缝无损检测 射线检测 第 1 部分:X 和伽玛射线的胶片技术》(GB/T 3323.1—2019)标准中规定透照距离(射线源至工件表面距离)与焦点尺寸和透照厚度(工件表面至胶片距离)应满足表 3-1 的要求。

表 3-1　不同检测技术等级的要求

项目	检测技术等级	透明距离 L_1	几何不清晰度 U_g 值
《承压设备无损检测第 2 部分:射线检测》(NB/T 47013.2—2015)《焊缝无损检测 射线检测 第 1 部分:X 和伽玛射线的胶片技术》(GB/T 3323.1—2019)	A 级 AB 级 B 级	$L \geqslant 7.5 d_f L_2^{2/3}$ $L \geqslant 10 d_f L_2^{2/3}$ $L \geqslant 15 d_f L_2^{2/3}$	$U_g \leqslant 2/15 L_2^{1/3}$ $U_g \leqslant 1/10 L_2^{1/3}$ $U_g \leqslant 1/15 L_2^{1/3}$

实际透照时一般不采用最小焦距值,所用的焦距比最小焦距要大得多。这是因为透照场的大小与焦距相关。焦距增大后,匀强透照场范围增大,这样可以得到较大的有效透照长度,同时影像清晰度也进一步提高。但是焦距也不能太大,因为焦距增大后,按原来的曝光参数透照得到的底片的黑度会变小。若保持底片黑度不变,就必须在增大焦距的同时增加曝光量或提高管电压,而前者降低了工作效率,后

者将对灵敏度产生不利的影响①。

焦距的选择有时也与试件的几何形状以及透照方式有关。例如，为得到较大的一次透照长度和较小的横裂检出角，在双壁单影法透照环向对接接头时，往往选择较小的焦距。在几何布置中，除要考虑焦距 F 的最小要求外，同时也要考虑分段曝光时的一次透照长度，即焊接接头的透照厚度比 K，K 值与横向裂纹检出角 θ 关系：$\theta=\arccos(1/K)$。按照现行标准规定，环缝的 A 级和 AB 级的 K 值不大于 1.1，B 级的 K 值不大于 1.06；纵缝的 A 级和 AB 级的 K 值不大于 1.03，B 级的 K 值不大于 1.01。

（三）曝光量的选择与修正

1.曝光量的选择

曝光量可定义为射线源发出的射线强度与照射时间的乘积。对于 X 射线来说，曝光量是指管电流 I 与照射时间 t 的乘积（$E=It$）；对于 γ 射线来说，曝光量是指放射源活度 A 与照射时间 t 的乘积（$E=At$）。曝光量是射线透照技术中的一项重要参数。射线照相影像的黑度取决于胶片感光乳剂吸收的射线量，在透照时，如果固定试件尺寸，放射源、试件、胶片的相对位置，胶片和增感屏，给定了放射源或管电压，则底片黑度与曝光量有很好的对应关系。因此，可以通过改变曝光量来控制底片黑度。

曝光量不仅影响影像底片黑度，而且影响影像的对比度和颗粒度以及信噪比，从而影响底片上可记录的最小细节尺寸，即影响射线照相灵敏度。为保证照相质量，曝光量应不低于某一个最小值。按照标准规定，X 射线照相，焦距 700 mm 时，曝光量的推荐值为 A 级、AB 级不低于 15 mA·min，B 级不低于 20 mA·min；γ 射线照相，总的曝光时间不少于输送源往返所需时间的 10 倍，以防止因短焦距和高电压所引起的不良影响。

---

①张亚明. 起重机设计及检验[M]. 郑州:河南人民出版社,2016.

2.曝光量的修正

（1）互易律

互易律是光化学反应的一条基本定律。互易律指出决定光化学反应产物质量的条件,只与总的曝光量相关,即取决于辐射强度和时间的乘积,而与这两个因素的单独作用无关。互易律可引伸为底片的黑度只与总的曝光量相关,而与辐射强度和时间分别作用无关。在射线照相中,采用铅箔或无增感的条件时,遵守互易律;而当采用荧光增感条件时,互易律失效。

（2）平方反比定律

平方反比定律是物理学的一条基本定律。平方反比定律指出从一点源发出的辐射,强度与距离的平方成反比,其原理为在点源的照射方向上任意立体角内取任意垂直截面,单位时间通过的光子总数不变,但由于截面积与到点源的距离平方成正比,所以单位面积的光子密度,也就是说,辐射强度与距离平方成反比。

（3）曝光因子

互易律给出了在底片黑度不变的前提下,射线强度与曝光时间相互变化的关系;平方反比定律给出了射线强度与距离之间的关系,将以上两个定律结合起来,可以得到曝光因子的表达式。

（4）曝光量的修正

当焦距胶片种类、底片黑度等某一要素改变时,可通过曝光因子对曝光量进行修正。

（四）透照方式的选择

对接接头射线检测的常用透照方式（布置）主要有10种。这些透照方式分别适用于不同的场合,其中单壁透照是最常用的透照方法,双壁透照一般用在射源或胶片无法进入内部的工件的透照,如双壁单影法适用于曲率半径较大的环向对接接头的透照,双壁双影法一般只用于小径管的环向对接接头的透照。

对于机电类特种设备的射线检测,常见的焊接接头形式主要包括起重机械中纵向对接接头、游乐设施中钢管环向对接接头等,因此常用透照方式有纵向对接接头单壁透照、环向对接接头单壁内(或外)透照、双壁单影透照、双壁双影透照,特殊情况下还可能涉及插入式管座焊缝的单壁单影、双壁单影透照等。《承压设备无损检测第2部分:射线检测》(NB/T 47013.2—2015)适用于纵向对接接头单壁透照,环向对接接头单壁内(或外)透照、双壁单影透照、双壁双影透照;《焊缝无损检测 射线检测 第1部分:X 和伽马射线的胶片技术》(GB/T 3323.1—2019)还适用于管座焊缝、管座焊缝透照。

(五) 一次透照长度的确定

一次透照长度,即焊接接头射线照相一次透照的有效检测长度,对照相质量和工作效率同时产生影响。显然,选择较大的一次透照长度可以提高效率,但在大多数情况下,透照厚度比和横向裂纹检出角随一次透照长度的增加而增大,这对射线照相质量是不利的。

实际工作中一次透照长度选取受两方面因素的限制:一是射线源的有效照射场的范围,一次透照长度不可能大于有效照射场的尺寸;二是射线检测标准的有关透照厚度比 K 值的规定,间接限制了一次透照长度的大小。

透照方式不同,一次透照长度的计算公式也不同。各种透照方式中,双壁双影法的一次透照有效检出范围,主要由其他因素决定,一般无须计算。除此以外的各种透照方式的一次透照长度以及相关参数如搭接长度、有效评定长度、最少曝光次数等均需计算得出。

二、曝光曲线的制作及应用

在实际工作中,通常根据工件的材质与厚度来选取射线能量、曝光量以及焦距等技术参数,参数一般是通过查曝光曲线来确定的。曝光曲线是表示工件(材质、厚度)与技术规范(管电压、管电流、曝光时间、焦距、暗室处理条件等)之间相关性的曲线图示。但通常只选择工件厚度、管电压和曝光量作为可变参数,其他条件必须相对固定。曝光曲线必须通过试验制作,且每台 X 射线机的曝光曲线各不相同,不能通用,因为即使管电压、管电流相同,如果不是同一台 X 射线机,其线质和照射率也是不同的。此外,即使是同一台 X 射线机,随着使用时间的增加,管子的灯丝和靶也可能老化,引起射线照射率的变化。因此,每台 X 射线机都应有曝光曲线,作为日常透照控制线质和照射率,即控制能量和曝光量的依据,并且在实际使用中还要根据具体情况作适当修正。

(一) 曝光曲线的构成和使用条件

若横坐标表示工件的厚度,纵坐标表示管电压,曝光量为变化参数,则所构成的曲线称为厚度—管电压曝光曲线;若纵坐标用对数刻度表示曝光量,管电压为变化参数,所构成的曲线则称为厚度—曝光量曲线。

任何曝光曲线只适用于一组特定的条件,这些条件包括所使用的 X 射线机(相关条件、高压发生线路及施加波形、射源焦点尺寸及固有滤波)、一定的焦距(常取 700 mm 或 800 mm)、一定的胶片类型(通常为微粒、高反差胶片)、一定的增感方式(屏型及前后屏厚度)。所使用的冲洗条件(显影配方、温度、时间)、基准黑度。这些条件必须在曝光曲线图上予以注明。

当实际拍片所使用的条件与制作曝光曲线的条件不一致时,必须对曝光量作相应修正。这类曝光曲线一般只适用于透照厚度均匀的平板工件,而对厚度变化较大、形状复杂的工件,只能作为参照。

(二) 曝光曲线的制作

曝光曲线是在机型、胶片、增感屏焦距等条件一定的前提下,通过改变曝光参数(固定管电压、改变曝光量或固定曝光量、改变管电压)透照由不同厚度组成的钢阶梯试块,根据给定冲洗条件洗出的底片所达到的某一基准黑度,来求得厚度、管电压、曝光量三者之间关系的曲线。所使用的阶梯试块面积不可太小,其最小尺寸应为阶梯试块厚度的5倍,否则散射线将明显不同于均匀厚度平板中的情况。另外,阶梯试块的尺寸应明显大于胶片尺寸,否则要作适当遮边。

按有关透照结果绘制E—T曝光曲线的过程如下。

1.绘制D—T曲线(厚度—管电压曲线)

采用较小曝光量、不同管电压拍摄阶梯试块,获得第一组底片,再采用较大曝光量不同管电压拍摄阶梯试块,获得第二组底片,用黑度计测定获得透照厚度与对应黑度的两组数据,绘制出D—T曲线图。

2.绘制E—T曲线(厚度—曝光量曲线)

选定一基准黑度值,从两张D—T曲线图中分别查出某一管电压下对应于该黑度的透照厚度值。在E—T图上标出这两点,并以直线连线即得该管电压的曝光曲线。

三、散射线的控制检验技术

散射线会使射线底片的灰雾度增大,底片对比度降低,影响射线照相质量。散射线对底片成像质量的影响与散射比成正比。控制散射线的措施有许多,其中有些措施对照相质量产生多方面的影响。所以,选择技术措施时要综合考虑,权衡利弊。

(一) 选择合适的射线能量

对厚度差较大的工件,散射比随射线能量的增大而减小,因此可以通过提高射线能量的方法来减少散射线。但射线能量值只能适当提高,以免对主因对比度和固有不清晰度产生不利的影响。

(二) 使用铅箔增感屏

铅箔增感屏除具有增感作用外,还具有吸收低能散射线的作用,使用增感屏是减少散射线最方便、最经济、最常用的方法。选择较厚的铅箔增感屏减少散射线的效果较好,但会使增感效果降低,因此铅箔增感屏厚度也不能过大。实际使用的铅箔增感屏厚度与射线能量有关,而且后屏的厚度一般大于前屏。

(三) 其他控制散射线的措施

应根据经济、方便、有效的原则选用措施,其中常用的措施有以下几种。

第一,背防护铅板。在胶片暗袋后加铅板,防止或减少背散射线。使用背防护铅板的同时仍须使用铅箔增感后屏,否则背防护铅板被射线照射时激发的二次射线有可能到达胶片,对照相质量产生不利影响。

第二,铅罩和铅光阑。使用铅罩和铅光阑可以减小照射场范围,从而在一定程度上减少散射线。

第三,厚度补偿物。在对厚度差较大的工件透照时,可采用厚度补偿措施来减少散射线。焊缝照相可使用厚度补偿块,形状不规则的小零件照相可使用流质吸收剂或金属粉末作为厚度补偿物。

第四,滤板。在对厚度差较大的工件透照时,可以在射线机窗口处加一个金属薄板(称为滤板),可将 X 射线束中软射线吸收掉,使透过的射线波长均匀化,有效能量提高,从而减少边蚀散射。滤板可用黄铜、铅或钢制作,滤板厚度可通过计算或试验确定。

第五,遮蔽物。对试件小于胶片的,应使用遮蔽物,对直接被射线照射的那部分胶片进行遮蔽,以减少边蚀散射。遮蔽物一般用铅制作,其形状和大小视被检物的情况确定,也可使用钢铁和一些特殊材料制作遮蔽物。

第六,修磨工件。通过修整、打磨的方法减小工件厚度差,也可以视为减少散射线的一项措施。

四、暗室处理检验技术

射线检测一般需要三个工序过程,即射线穿透工件后对胶片进行曝光的过程,胶片的暗室处理过程以及底片的评定过程。胶片暗室处理不好,不仅直接影响底片质量以及底片的保存期,甚至会使透照工作前功尽弃,因为暗室处理是射线照相过程中的最后一个环节。此外,正确的暗室处理是透照技术合理与否的信息反馈,为透照技术的进一步改进提供依据。胶片暗室处理按操作方式区分,有手工和自动之分。目前国内多数仍采用手工操作。处理程序主要包括显影、停显、定影、水洗和干燥五个过程。

(一)显影液的技术检验

1.显影液的组成、作用及配制

一般显影液中含有四种主要成分：显影剂、保护剂、促进剂和抑制剂。此外，有时还加入一些其他物质。显影液的作用是将已感光的卤化银还原为金属银。通过选择不同显影剂和不同的配方来调整显影性能。显影液中虽然有亚硫酸钠起保护作用，但如长时间暴露在空气中，仍然会受氧化而失去显影能力。因此，显影液应密封保存，避免高温。槽中显影时应加盖保存，盘中显影时应该用毕及时倒入瓶中密封保存，减少与空气接触时间，延长其使用寿命。

2.显影操作

(1)显影检验技术操作要点

胶片显影是一种化学反应，胶片显影效果，如底片黑度、衬度、灰雾度、颗粒度等，与显影液配方、显影时间、温度、搅动次数以及药液浓度等因素有关。应当把这些影响因素控制在满足胶片感光特征所规定的条件范围，这样可以得到最佳显影效果。当不能满足最佳显影条件时，必须了解其因果关系，保证显影质量。

第一，显影时间。在其他条件固定的前提下，正确的显影时间能使底片获得黑度和衬度适中的影像。过分延长显影时间，胶片上被还原的金属银过多，影像黑度偏高，同时也使未曝光的溴化银粒子起作用，使底片灰雾度增大，并使银粒变粗，底片清晰度下降。显影时间过短，底片黑度下降，同样影响底片灵敏度。使用过分延长显影时间补救曝光不足或衰退的显影液使底片达到一定黑度的办法，或使用过分缩短显影时间补救曝光过度的胶片，都将影响底片灵敏度。当然，适当地延长和缩短显影时间，补救透照的曝光误差是允许的，但这是有限度的。优质底片只有曝光正确和显影正确才能获得。

第二,显影温度。显影温度过高或过低,将造成显影过度和显影不足。显影温度过高,会使影像过黑,反差增大,灰雾度增高,银粒变粗,且易使感光膜过度膨胀,容易擦伤。当温度超过24℃时,感光膜便有溶化脱落的危险。显影温度过低,会造成影像淡薄、反差不足等问题,尤其是对显影剂对苯二酚的显影力影响较为明显。显影液的温度通常控制在18～20℃,在此温度下,显影速度适中,药液不致过快氧化,感光膜不致过分膨胀。

(2)搅动

搅动是指胶片显影中显影液的搅动或胶片的抖动(盘中显影为翻动),其目的一是防止气泡附着乳剂表面使底片产生斑痕;二是去除乳剂膜面由于显影作用产生的显影液氧化物,使之与新鲜显影液接触,能得到均匀的显影。搅动对于潜影较多的部位尤为重要。如果显影时不搅动,可能由于胶片附着气泡产生白色斑点,或由于胶片表面存在显影生成的沉积物造成条纹状影像。显影时的搅动,加速显影作用,可以增大反差,缩短显影时间,一般以每分钟三次为宜。

(二) 定影液的检验技术

1.定影液的组成、作用及配制

定影液包含四种成分:定影剂、保护剂、坚膜剂、酸性剂,其作用是从乳剂层中除去感光的卤化银而溶解在定影液中。配制定影液和配制显影液一样,需要遵循某些原则,否则会引起药品分解失效。

2.定影操作

定影速度因定影配方不同而异,同时还受以下因素影响:定影温度、搅动以及定影液老化程度等。

第一,定影温度。温度影响到定影速度,随着温度的升高,定影速度将加快。但如果温度过高,胶片乳剂膜过度膨胀,容易造成划伤或药膜脱落。因此,需要对定影温度作适当控制,通常规定为16～24℃。

第二,定影液老化程度。定影液在使用过程中定影剂不断消耗,浓度变小,而银的络合物和卤化物不断积累,浓度增大,使得定影速度越来越慢,所需时间越来越长,此现象称为定影液的老化。老化的定影液在定影时会生成一些较难溶解的银络合物,虽经过水洗也难以除去,仍残留在乳剂层中,经过若干时间后,会分解出硫化银,使底片变黄。

第三,定影时的搅动。搅动可以提高定影速度,并使定影均匀。在胶片刚放入定影液中时,应做多次抖动。在定影过程中,应适当搅动,一般每两分钟搅动一次。

(三)水洗及干燥

1.水洗

胶片在定影后,应在流动的清水中冲洗 20 ~ 30 min,冲洗的目的是将胶片表面和乳剂膜内吸附的硫代硫酸钠以及银盐络合物清除掉,否则银盐络合物会分解产生硫化银,硫代硫酸钠也会缓慢地与空气中水分和二氧化碳作用,产生硫和硫化氢,最后与金属银作用生成硫化银。为使射线底片具有稳定的质量,能够长期保存,必须进行充分的水洗。推荐使用的条件是采用 16 ~ 22 ℃的流动清水冲洗底片。但由于冲洗用水大多使用自来水,水温往往超出范围,当水温较低时,应适当延长水洗时间;当水温较高时,应适当缩短水洗时间,同时应注意保护乳剂膜,避免损伤。

2.干燥

干燥的目的是去除膨胀的乳剂层中的水分。为防止干燥后的底片产生水迹,可在水洗后、干燥前进行润湿处理,即把水洗后的湿胶片放入润湿液中浸润约 1 min,然后取出使水从胶片表面流光,再进行干燥。干燥的方法有自然干燥和烘箱干燥两种。自然干燥是将胶片悬挂起来,在清洁通风的空间晾干。烘箱干燥是把胶片悬挂在烘箱内用热风烘干,热风温度一般不应超过 40 ℃。

五、射线检验通用技术

(一)主题内容和适用范围

主题内容是指通用技术规程主要包括的检测对象、方法、人员资格、设备器材、检测技术、质量分级等。适用范围是指适用范围内的材质、规格、检测方法和不适用的范围。例如,通用技术的编制背景;通用技术所依据的编制标准;通用技术索要满足的安全技术规范、标准要求。再例如,技术文件审批和修改的程序,技术卡的编制规则等。

(二) 通用技术的编制依据 (引用标准、法规)

依据被检对象选择现行的安全技术规范和标准,安全技术规范如《起重机械监督检验规程(试行)》等,标准包括产品标准如《滑行车类游乐设施通用技术条件》(GB/T 18159—2019)、检测标准如《焊缝无损检测 射线检测 第1部分:X 和伽马射线的胶片技术》(GB/T 3323.1—2019)等。凡是被检对象涉及的规范、标准均应作为编制依据(引用标准)。设计文件、合同、委托书等也应作为编制依据写入检测通用技术中,并在检测通用技术中得到严格执行。

(三) 对检测人员的要求

检测通用技术中应当明确对检测人员的持证要求以及各级持证人员的工作权限和职责,现行法规对检测人员的具体要求如下:①检测人员应按照《特种设备无损检测人员考核规则》(TSG Z8001—2019)的要求取得相应超声波检测资格;②取得不同级别检测资格的检测人员只能从事与其资格相适应的检测工作并承担相应的技术责任。

(四) 设备、器材

列出本技术适用范围内使用的所有设备、器材的产品名称、规格型号。对设备、器材的质量、性能检验要求应写入技术中。通用技术应当明确在什么条件下使用什么样的设备、器材,明确所用的设备、器材在什么情况下应当如何校验。

(五) 技术要求

通用技术应明确检测的时机,并符合相关规范和标准的要求。例如,规范及标准一般规定检测时间原则上应在焊后24h。通用技术应该明确各部分的检测比例、验收级别、返修复检要求、扩检要求。这些技术要求有的可以放到专用技术中。

(六) 检测方法

依据标准说明检测的方法,包括检测表面的制备、透照方式的选择原则、几何参数和透照参数的确定依据、缺陷的评定和记录、质量评定规则复验要求等。对检测中的技术参数更要规定得具体详细或制成图表的形式供检测人员使用。应结合检验单位和被检对象的实际情况编写,未涉及或不具备条件的检测方法等内容不要写到技术中。

(七) 技术档案要求

通用技术应当对检测中的技术档案做出规定,包括档案的格式要求、传递要求、保管要求。

格式要求要明确检测技术卡、检测记录、检测报告的格式。

传递要求要明确各个档案的传递程序、时限、数量以及相关人员的职责与权限。

保管要求技术中应该规定技术档案的存档要求,不低于规范、标准关于保存期的要求,到期后若用户需要可转交用户保管的要求。

六、射线检测专用技术

(一) 射线检测专用技术的主要内容

技术卡编号按照检测机构的程序文件规定编制。工件(设备)原始数据包括工件(设备)名称、材质、规格尺寸、焊接方法、坡口形式表面及热处理状态、检测部位等。规范标准数据包括工件(设备)制造安装标准和检测技术标准、检测技术等级、检测比例、底片质量要求、合格级别等。检测方法及技术要求包括选定的检测设备器材、透照方式、射线能量、焦距和其他噪光参数等。特殊的技术措施及说明对复杂的试件或特殊的工作条件,需要增加一些措施或说明。有关人员签字专用技术常用技术卡的形式表现。

(二)射线检验专用技术的编制

射线检测专用技术的编制大致分为以下几个步骤。

第一,透照准备。明确试件的质量验收标准和射线照相标准,熟悉理解有关内容,了解和掌握试件的情况与有关技术数据。

第二,透照条件选择。根据试件的特点、有关技术要求和实际情况,选择设备、器材、透照方式、曝光参数以及有关技术措施。透照条件必须满足标准规定的要求。在选择透照条件时,应尽量设法提高灵敏度,同时兼顾工作效率和成本因素。

第三,透照条件验证。对选择的透照条件,必要时应进行试验验证。

第四,透照技术文件形成。根据选择的透照条件和验证结果,填写表卡,形成书面文件。

第五,审批。对编制出的文件,按规定完成审核、批准手续,即成为正式的技术文件。

第六,当产品设计资料、制造加工技术规程、技术标准等发生更改,或者发现检测技术卡本身有误或漏洞,或检测技术方法有改进等时,都要对检测技术卡进行更改。更改时,需要履行更改签署手续,更改工作最好由原编制和审核人员进行。

七、射线检测典型透照

对于机电类特种设备的射线检测较为常用的透照方式有纵向对接接头单壁透照、环向对接接头单壁透照、双壁单影透照和双壁双影透照。不同用途的焊接接头有不同的质量要求,而不同检测技术等级的透照方法则要求选用不同的几何参数。

(一)单壁外照法

如图3-1所示,采用单壁外照法100%透照环缝时,满足一定厚度比K值要求的最少曝光次数N可由下式确定:

$$N = \frac{360°}{2\alpha}$$

式中$\alpha = \theta - \eta$。α——与$AB/2$对应的圆心角;θ——最大失真角或横

裂检出角；η——有效半辐射角；K——透照厚度比；T——工件厚度；D_0——容器外直径。当 $D_0 > T$ 时，$\theta \approx \arccos K^{-1}$。

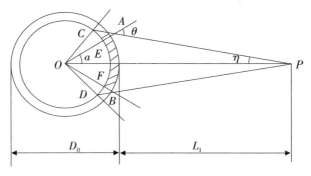

图3-1　单壁外照法布置

(二) 单壁内照法

1.内照中心法

采用此法时，焦点位于圆心（$F \approx R$），胶片单张或逐张连接覆盖在环缝外壁上进行射线照相。这种透照布置透照厚度比 $K=1$，横向裂纹检出角 $\theta \approx 0°$，一次透照长度可为整条环缝长度。

2.内照偏心法

内照法如图3-2所示，用 $F < R$ 的偏心法 100% 透照时，最少曝光次数 N 和一次透照长度由下式确定：

$$N = \frac{180°}{\alpha}$$

$$\theta = \arccos\left[\frac{1 + \left(K^2 - 1\right)T/D_i}{K}\right]$$

$$\eta = \arcsin\left(\frac{D_i}{D_i - 2L_1}\sin\theta\right)$$

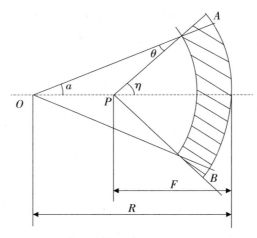

图3-2　内照法(F<R)布置

当$F<R$时,随着焦点偏离圆心距离的增大,即焦距F的缩短,若分段曝光的一次透照长度L_3一定,则透照厚度比K值增大,横裂检出角θ也增大;若K值、θ值一定,则一次透照长度L_3缩短。

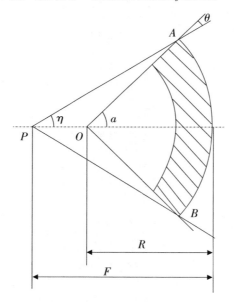

图3-3　内照法(F>R)布置

如图3-3所示,应用$F>R$的偏心法透检的确定最少曝光次数N和一次透照长度L_3。当$F>R$时,焦点位置引起的相关几何参数也以圆心为基准。当焦点远离圆心,即 F 增大时,若 L_3 不变,则 K 增大,θ 增大。当 F 减小时,若 K、θ 不变,则 L_3 增大。用内照偏心法时,在满足 U_g 的前提下,焦点靠近圆心位置能增加有效透照长度。用内照偏心法时,如果使用普通的定向机照射,则一次可检范围取决于 X 射线最大辐射角内放射强度的均匀性,即应考虑靶的倾角效应产生的曝光量的不均匀性。

(三) 双壁透照

第一,双壁单影法,如图 3-4 所示。对双壁单影法中的拍片数量可作如下讨论:当 $F \to D_0$ 时,$\alpha \to 2\theta$,由于 $N=180°/\alpha$,取 $\theta=15°$,$N_{\min}=6$,即最少拍片数量为 6 张;当 $F \to \infty$ 时,$\alpha \to 0$,由于 $N=180°/\alpha$,取 $\theta=15°$,$N_{\max}=12$,最多拍片数量为 12 张。环缝透照搭接标记的放置同其他标记放置,双壁单影法布置应距焊缝边缘至少 5 mm。在双壁单影或源在内($F>R$)的透照方式下,应放在胶片侧,其余透照方式下应放在射线源侧。

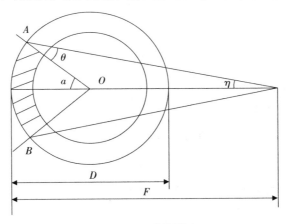

图 3-4 双壁单影法

第二,双壁双影法。双壁双影法主要用于外径小于或等于 100 mm 的钢管对接接头。按照被检接头在底片的影像特征,又分椭圆成像和重叠成像两种方法。一般情况下采用椭圆成像法,只有在特殊情况下,才使用重叠成像法。椭圆成像法透照布置。胶片暗袋平放,视线焦点偏离焊缝中心平面一定距离(称偏心距 S_0),以射线束的中心部分或边缘部分透照被检焊缝,如图3-5所示。偏心距应适当,可根据椭圆开口宽度 g 的大小确定: $S_0=L_1(b+g)/L_2$,式中 b——焊缝宽度, g——椭圆开口宽度。

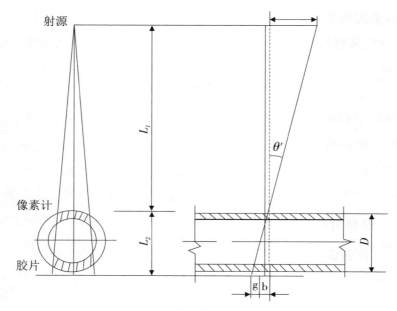

图3-5 双壁双影法

按现行常用射线检测标准,椭圆开口宽度通常取一倍焊缝宽度,偏心距的大小影响底片的评定。用双壁双影法透照时,对于外径大于76 mm 的钢管且小于或等于89 mm 的钢管,其焊缝至少分两次透照,两次间隔90°;对于外径小于或等于76 mm 的钢管,如果现场条件不允许,也可允许椭圆一次成像,但应采取有效措施保证检出范围。

第二节 超声波检验技术

一、检测面的选择和准备

检测面应根据有关标准及检测要求、工件的形状和表面状态等因素来选择。要使声束能扫查到整个检测部位,并且有利于缺陷的检出和显示。在此前提下,应选择光滑、平整检测方便的工件表面。对于纵波检测,一般检测面就是被检测部位的表面;对于横波检测,检测面除被检测部位的表面外,也可以是相邻近的表面。比如,对于轧制的方形工件,常选用相邻的两个表面作检测面;较大的锻轴,一般应选择圆周面和轴端面进行检测,以便能发现各个方向的缺陷。焊接工件,当焊缝有余高时,可以根据工件的厚度,从焊缝的两个表面的两侧或一个表面的两侧或一侧进行检测,也可以把焊缝余高磨平以后,直接在焊缝上进行检测。钢制对接接头的超声波检测技术等级分A、B、C三个等级。针对不同的板厚,其相应检测面对应不同的板厚分为单面单侧、单面双侧、双面双侧、双面单侧、单侧双面等。

二、仪器与换能器(探头)的选择

(一) 探伤仪的选择

超声波探伤仪是超声波检测的主要设备。目前国内外检测仪种类繁多,性能各异,检测前应根据探测要求和现场条件来选择检测仪。一般根据以下情况来选择检测仪器:①对于定位要求高的情况,应选择水平线性好、误差小的仪器;②对于定量要求高的情况,应选择垂直线性好、衰减器精度高的仪器;③对于大型零件的检测,应选择灵敏度余量高、信噪比高、功率大的仪器;④为了有效地发现近表面缺陷和区分相邻缺陷,应选择盲区小、分辨率高的仪器;⑤对于室外现场检测,应选择重量轻、示波屏亮度好、抗干扰能力强的便携式仪器;⑥对于重要工件应选用可记录式探伤仪。此外,要求选择性能稳定、重复性和可靠性好的仪器。

(二) 探头的选择

超声波检测中,超声波的发射和接收是通过探头来实现的。探头的种类很多,结构形式也不一样。检测前应根据被检对象的形状、超声波的衰减、技术要求等来选择探头。探头选择包括探头型式、频率、芯片尺寸和斜探头K值(或折射角)的选择等。

1.探头型式的选择

常用的探头型式有纵波直探头、横波斜探头、表面波探头等。一般根据工件的形状和可能出现缺陷的部位方向等条件来选择探头的型式,使声束轴线尽量与缺陷部位垂直。

纵波直探头只能发射和接收纵波,波束轴线垂直于探测面,主要用于探测与探测面平行的缺陷,如锻件、钢板中的夹层、折叠等缺陷。

横波斜探头是通过波形转换来实现横波检测的,主要用于探测与探测面垂直或成一定角度的缺陷,如焊缝中的未焊透、夹渣、未熔合等缺陷。

表面波探头用于探测工件表面缺陷,双晶探头用于探测工件近表面缺陷,聚焦探头用于水浸探测管材或板材等。

2.探头频率的选择

超声波检测频率为 0.5 ~ 10 MHz,选择范围大。一般选择频率时应考虑以下因素:由于波的绕射,使超声波检测极限灵敏度约为$\lambda/2$,因此提高频率,有利于发现更小的缺陷。频率高,脉冲宽度小,分辨力高,有利于区分相邻缺陷。由半扩散角 $\theta_0 = \arcsin 1.22\lambda/D$ 可知,频率高,波长短,则半扩散角小,声束指向性好,能量集中,有利于发现缺陷并对缺陷定位。由近场长度 $N = D^2/4\lambda$ 可知,频率高,波长短,近场区长度大,对检测不利。由 $a = C_2 F d^3 f^4$ 可知,频率增加,衰减急剧增加。

对于晶粒较细的锻件、轧制件和焊接件等,一般选用较高的频率,常用 2.5 ~ 5.0 MHz。对晶粒粗大铸件、奥氏体钢等宜选用较低的频率,常用 0.5 ~ 2.5 MHz。

3.探头芯片尺寸的选择

芯片大小对检测有一定影响,选择芯片尺寸时要考虑以下因素:芯片尺寸增加,半扩散角减小,波束指向性变好,超声波能量集中,对检测有利。芯片尺寸大,辐射的超声波能量大,探头未扩散区扫查范围大,远距离扫查范围相对变小,发现远距离缺陷能力增强。实际检测中,检测面积范围大的工件时,为了提高检测效率宜选用大芯片探头。检测厚度大的工件时,为了有效地发现远距离的缺陷宜选用大芯片探头。检测小型工件时,为了提高缺陷定位定量精度宜选用小芯片探头。检测表面不太平整、曲率较大的工件时,为了减少耦合损失宜选用小芯片探头。

4.横波斜探头 K 值(或折射角)的选择

在横波检测中,探头的 K 值(或折射角)对检测灵敏度、声束轴线的方向,一次波的声程(入射点至底面反射点的距离)有较大影响。对于用有机玻璃斜探头检测钢制工件, $\beta=40°(K=0.84)$ 左右时,声压往复透射率最高,即检测灵敏度最高。由 $K=\tan\beta_s$ 可知, K 值大, β_s 大,一次波的声程也大。因此,在实际检测中,当工件厚度较小时,应选用较大的 K 值,以便增加一次波的声程,避免近场区检测。当工件厚度较大时,应选用较小的 K 值,以减少声程过大引起的衰减,便于发现深度较大处的缺陷。在焊缝检测中,还要保证主声束能扫查整个焊缝截面。对于单面焊根部未焊透,还要考虑端角反射问题,应使 $K=0.7\sim1.5$,因为 $K<0.7$ 或 $K>1.5$,端角反射率很低,容易引起漏检。

三、耦合剂的选用

(一)耦合剂的作用

频率高的超声波几乎不能在空气中传播,为了能使探头发射的超声波进入工件材料,并返回被探头接收,必须在探头与工件之间加入称为耦合剂的透声介质。此外,耦合剂还有减少摩擦的作用[①]。

(二)常用耦合剂

超声波探伤中常用耦合剂有机油、变压器油、甘油、水、水玻璃等。甘油声阻抗高,耦合性能好,常用于一些重要工件的精确探伤,但价格较贵,对工件有腐蚀作用;水玻璃的声阻抗较高,常用于表面粗糙的工件探伤,但清洗不太方便,且对工件有腐蚀作用;水的来源广,价格低,

---

①朱广慧,宋耀国,耿延庆.起重机安全技术检验[M].郑州:河南人民出版社,2016.

常用于水浸探伤,但易使工件生锈。机油和变压器油黏度、流动性附着力适当,对工件无腐蚀,价格也不贵,因此是目前应用最广泛的耦合剂。此外,近年来化学浆糊也常用来作耦合剂,耦合效果比较好。

(三) 影响声波耦合的主要因素

影响声波耦合的主要因素有耦合层的厚度、工件表面粗糙度、耦合剂的声阻抗和工件表面形状。

1.耦合层厚度的影响

耦合层厚度对耦合有较大的影响。当耦合层厚度为 $\lambda/4$ 的奇数倍时,透声效果差,耦合不好,反射回波低。当耦合层厚度为 $\lambda/2$ 的整数倍或很薄时,透声效果好,反射回波高。

2.工件表面粗糙度的影响

工件表面粗糙度对声耦合有显著影响。对于同一种耦合剂,表面粗糙度高,耦合效果差,反射回波低。声阻抗低的耦合剂,随粗糙度的增大,耦合效果降低得更快。但粗糙度也不必太低,因为粗糙度太低,耦合效果无明显增加,而且使探头因吸附力大而移动困难。

3.耦合剂声阻抗的影响

耦合剂声阻抗对耦合效果也有较大的影响。对于同一探测面,即粗糙度一定时,耦合剂声阻抗大,耦合效果好,反射回波降低。

4.工件表面形状的影响

工件表面形状不同,耦合效果不一样,其中平面耦合效果最好,凸曲面次之,凹曲面最差。因为常用探头表面为平面,与曲面接触为点接触或线接触,声强透射率低。特别是凹曲面,探头中心不接触,因此耦合效果更差。不同曲率半径的耦合效果也不相同,曲率半径大,耦合效果好。

(四) 表面耦合损耗的测定和补偿

1.耦合损耗的测定

为了恰当地补偿耦合损耗,应首先测定工件与试块表面耦合损耗的分贝差。一般的测定耦合损耗差的方法为:在表面耦合状态不同,其他条件相同的工件和试块上测定二者回波或穿透波高分贝差。

2.补偿方法

设测得的工件与试块表面耦合差补偿为 ΔdB，具体补偿方法如下：先用"衰减器"衰减 ΔdB，将探头置于试块上调好探伤灵敏度，然后用"衰减器"增益 ΔdB（即减少 ΔdB 衰减量），这时耦合损耗恰好得到补偿，试块和工件上相同反射体回波高度相同。

四、仪器探头系统的校准及检测灵敏度设定

（一）扫描速度的校准

仪器扫描速度的校准通常称为仪器的校准。仪器显示屏上时基扫描线的水平刻度值 τ 与实际声程 x（单程）的比例关系，即 $\tau : x = 1 : n$ 称为扫描速度或时基扫描线比例。仪器显示屏上时基扫描线的外观长度是固定的。那么，要探测一定深度范围内的缺陷，检测前必须根据探测范围来调节时基扫描线比例，以便在规定的范围内发现缺陷并对缺陷定位。

扫描速度（时基扫描线比例）调节的基本要求如下。

第一，环境的一致性。即环境温度、检测所用仪器及探头、调试用的试件材质等。

第二，超声波在工件中的"入射零点"或称"计时零点"与仪器显示屏上时基扫描线"零点"的重合。

第三，校准时基扫描线的准确比例。

（二）探头参数的校准

1.斜探头入射点

斜探头入射点是指其主声束轴线与探测面的交点。入射点至探头前沿的距离称为探头的前沿长度。测定探头的入射点和前沿长度是为了便于对缺陷定位和测定探头的 K 值。

2.斜探头 K 值和折射角 β_s

斜探头的 K 值常用 ⅡW 试块或 CSK－ⅠA 试块上的横孔来测定。

(三) 检测灵敏度的校准

通用的 A 型脉冲反射式超声波检测方法,在反射波处理中的最基本要求:必须找到最高反射波后进行处理。测试前必须确定显示屏上的基准波高,必须记录反射体的几何位置参数,明确反射体的当量。一般超声波反射当量的表示方法有两种:一是以规则的反射体的实际几何尺寸来表示;二是以规则的反射体的实际几何尺寸及与其反射量的分贝值差 ΔdB 的组合来表示。

检测灵敏度的校准常用方法有波高比较法和曲线比较法两种。其中波高比较法又包括试块调整法和工件低波调整法,曲线比较法包括仪器面板曲线法和坐标低曲线法。

1.波高比较法

试块调整法。根据工件对灵敏度的要求选择相应的试块,将探头对准试块上的人工反射体,调整仪器上的有关灵敏度按钮,使显示屏上人工反射体的最高反射回波达到基准高度,并对灵敏度进行补偿,这时仪器系统的灵敏度就调好了。

工件底波调整法。利用试件调整灵敏度,操作简单方便,但需要加工不同声程、不同当量尺寸的试块,成本高,携带不便。同时,还要考虑工件与试块因耦合和衰减不同进行补偿。如果利用工件底波来调整检测灵敏度,那么既不需要加工任何试块,又不需要进行任何补偿。利用工件底波来调整检测灵敏度是根据工件底面回波与同深度的人工缺陷(如平底孔)回波分贝差为定值,这个定值可以由下述理论公式计算出来:

$$\Delta dB = 20\lg\frac{P_B}{P_F} = 20\lg\frac{2\lambda x}{\pi D_T^2}$$

由于理论公式只适用于 $x \geq 3N$ 的情况,因此利用工件底波调节灵敏度的方法也只能用于厚度尺寸 $x \geq 3N$ 的工件,同时要求工件具有平行底面或圆柱曲底面,且底面光洁干净。当底面粗糙或有水油时,将使底面反射率降低,底波下降,这样调整的灵敏度将会偏高。

利用试块和底波调整检测灵敏度的方法应用条件不同。利用底波调整灵敏度的方法主要用于具有平底面或曲底面大型工件的检测，如锻件检测。利用试块调整灵敏度的方法主要应用于无底波的厚度尺寸小于$3N$的工件检测，如焊缝检测、钢管检测等。

波高比较法中的试块调整法和工件底波调整法在现场实际应用时，要经过较复杂的运算及携带很多试块，比较麻烦。因此，在实际应用中，逐步完善了曲线比较法。它是应用标准试块或其他形式的试块在示波屏上或坐标纸上做出距离—波幅曲线或距离（A）—增益（V）—缺陷大小（G）曲线。实际上，距离—波幅曲线和距离（A）—增益（V）—缺陷大小（G）曲线其本质完全相同，可以说就是一种曲线。

2.曲线比较法

曲线比较法依据曲线制作的位置可分为仪器面板曲线法和坐标纸曲线法；曲线比较法依据曲线的多少又可分为单曲线法和多曲线法。曲线比较法实际应用很方便，定量快速、准确。

实际检测准备过程中有三个校准：一是仪器系统的扫描速度校准；二是探头的K值（或折射角）及入射点校准；三是仪器系统基准灵敏度校准。仪器系统基准灵敏度的校准完成后，即可根据具体检测要求设定实际检测灵敏度。也就是说，实际检测准备过程中有三个校准和一个设定。实际检测灵敏度是依据被检工件具体参数结合无损检测验收标准等要求来设定的，一般根据实际工作过程中的目的不同而分为基准灵敏度（灵敏度基准线）、扫查灵敏度或称检测灵敏度、评定线灵敏度、定量线灵敏度、判废线灵敏度等。

第一，基准灵敏度。超声波检测灵敏度是一个相对的灵敏度，它必须采用一个标准的反射体作为基准，调试仪器系统对该基准反射体的反映信号，以便对仪器系统进行标定，这个标定后的灵敏度就称为基准灵敏度。基准灵敏度有时是一条曲线，称为灵敏度基准线。

第二，扫查灵敏度。仪器系统基准灵敏度标定后，为确保检测结果的可靠性,一般须采用一个较高的灵敏度进行初始检测,这个初始检测的灵敏度即称为扫查灵敏度,通常也可称为检测灵敏度。

第三,评定线灵敏度。在焊缝检测中,通常采用初始检测的扫查灵敏度进行粗扫查,其目的是对疑似缺陷显示信号进行分析判断,进而对缺陷进行定性。为保证缺陷不漏检,标准常规定一个较高的灵敏度作为最低限度,要求对高于此灵敏度的缺陷信号均进行分析评定,且扫查灵敏度不得低于这个最低线灵敏度,该灵敏度在标准中常称为评定线灵敏度。

第四,定量线灵敏度。在焊缝检测中,在初始检测的扫查灵敏度下进行粗扫查,当完成缺陷的定性分析评定后,则进入缺陷的定量检测阶段,此阶段所采用的灵敏度低于评定线灵敏度,称为定量线灵敏度。

第五,判废线灵敏度。在焊缝检测中,标准设定了一个低于定量线的灵敏度,当缺陷反射达到和超过这个灵敏度时,该缺陷则判废。于是,称其为判废线灵敏度。

五、影响缺陷定位、定量的主要因素

(一)影响缺陷定位的主要因素

1.仪器的影响

仪器水平线性:仪器水平线性的好坏对缺陷定位误差大小有一定的影响。当仪器水平线性不佳时,缺陷定位误差大。

2.探头的影响

(1)声束偏离

无论是垂直入射检测还是倾斜入射检测,都假定波束轴线与探头芯片几何中心重合,而实际上这两者往往难以重合。当实际声束轴线偏离探头几何中心轴线较大时,缺陷定位精度将会下降。

(2)探头双峰

一般探头发射的声场只有一个主声束,远场区轴线上声压最高。但有些探头性能不佳,存在两个主声束,发现缺陷时,不能判定是哪个主声束发现的,因此也就难以确定缺陷的实际位置。

（3）斜楔磨损

横波探头在检测过程中,斜楔将会磨损。当操作者用力不均时,探头斜楔前后磨损不同。当斜楔后面磨损较大时,折射角增大,探头 K 值增大。当斜楔前面磨损较大时,折射角减小, K 值也减小。此外,探头磨损还会使探头入射点发生变化,影响缺陷定位。

（4）探头指向性

探头半扩散角小,指向性好,缺陷定位误差小;反之,定位误差大。

3. 工件的影响

（1）工件表面粗糙度

工件表面粗糙,不仅耦合不良,而且由于表面凹凸不平,使声波进入工件的时间产生差异。当凹槽深度为 $\lambda/2$ 时,则进入工件的声波相位正好相反,这样就犹如一个正负交替变化的次声源作用在工件上,使进入工件的声波互相干扰形成分叉,从而使缺陷定位困难。

（2）工件材质

工件材质对缺陷定位的影响可从声速和内应力两方面来讨论。当工件与试块的声速不同时,就会使探头的 K 值发生变化。另外,工件内应力较大时,将使声波的传播速度和方向发生变化。当应力方向与波的传播方向一致时,若应力为压缩应力,则应力作用使试件弹性增加,这时声速加快;反之,若应力为拉伸应力,则声速减慢。当应力方向与波的传播方向不一致时,波动过程中质点振动轨迹受应力干扰,使波的传播方向产生偏离,影响缺陷定位。

（3）工件表面形状

探测曲面工件时,探头与工件接触有两种情况:一种是平面与曲面接触,这时为点或线接触,握持不当,探头折射角容易发生变化;另一种是将探头斜楔磨成曲面,探头与工件曲面接触,这时折射角和声束形状将发生变化,影响缺陷定位。

（4）工件边界

当缺陷靠近工件边界时，由于侧壁反射波与直接入射波在缺陷处产生干涉，使声场声压分布发生变化，声束轴线发生偏离，使缺陷定位误差增加。

（5）工件温度

探头的 K 值一般是在室温下测定的。当探测的工件温度发生变化时，工件中的声速发生变化，使探头的折射角随之发生变化。

（6）工件中缺陷情况影响

工件内缺陷方向也会影响缺陷定位。缺陷倾斜时，扩散波束入射至缺陷时反射波较高，而定位时误认为缺陷在轴线上，从而导致定位不准。

4.操作人员的影响

（1）仪器时基线比例

仪器时基线比例一般在对比试块上进行调节，当工件与试块的声速不同时，仪器的时基线比例发生变化，影响缺陷定位精度。除此之外，调节比例时，回波前沿没有对准相应水平刻度或读数不准，使缺陷定位误差增加。

（2）探头入射点及 K 值

横波探测时，当测定探头的入射点、K 值误差较大时，也会影响缺陷定位。

（3）定位方法不当

横波周向探测圆柱筒形工件时，缺陷定位与平板不同，若仍按平板工件处理，那么定位误差将会增加。要用曲面试块修正，否则定位误差大。

（二）影响缺陷定量的因素

1.仪器及探头性能的影响

（1）频率的影响

在实际检测中，频率偏差不仅影响利用底波调节灵敏度，而且影响用当量计算法对缺陷定量。

（2）衰减器精度和垂直线性的影响

A型脉冲反射式超声波探伤仪是根据相对波高来对缺陷定量的。而相对波高常常用衰减器来度量。因此，衰减器精度直接影响缺陷定量，衰减器精度低，定量误差大。当采用面板曲线对缺陷定量时，仪器的垂直线性好坏将会影响缺陷定量精度高低。垂直线性差，定量误差大。

（3）探头形式和芯片尺寸的影响

不同部位、不同方向的缺陷，应采用不同形式的探头。如锻件、钢板中的缺陷大多平行于探测面，宜采用纵波直探头。焊缝中危险性大的缺陷大多垂直于探测面，宜采用横波探头。对于工件表面缺陷，宜采用表面波探头。对于近表面缺陷，宜采用分割式双晶探头。这样定量误差小。芯片尺寸影响近场区长度和波束指向性，因此对定量也有一定的影响。

（4）探头 K 值的影响

超声波倾斜入射时，声压往复透射率与入射角有关。对于横波 K 值斜探头而言，不同 K 值的探头灵敏度不同。因此，探头 K 值的偏差也会影响缺陷定量。特别是横波检测平板对接焊缝跟部未焊透等缺陷时，不同 K 值探头探测同一根部缺陷，其回波高度相差较大，当 $K=0.7 \sim 1.5（\beta_s=35° \sim 55°）$时，回波较高，当 $K=1.5 \sim 2.0（\beta_s=55° \sim 63°）$时，回波很低，容易引起漏检。

2. 耦合与衰减的影响

超声波检测中，耦合剂的声阻抗和耦合层厚度对回波高度有较大的影响。当耦合层厚度等于半波长的整数倍时，声强透射率与耦合剂性质无关。当耦合层厚度等于 $\lambda 2/4$ 的奇数倍，声阻抗为两侧介质声阻抗的几何平均值时，超声波全透射。因此，实际检测中耦合剂的声阻抗，对探头施加的压力大小都会影响缺陷回波高度，进而影响缺陷定量。此外,当探头与调灵敏度用的试块和被探工件表面耦合状态不同时,而又没有进行恰当的补偿,也会使定量误差增加,精度下降。

实际工件是存在介质衰减的,由介质衰减引起的分贝差 $\Delta=2\alpha x$ 可知,当衰减系数 α 较大或距离 x 较大时,由此引起的衰减 Δ 也较大。这时如果仍不考虑介质衰减的影响,那么定量精度势必受到影响。因此,在检测晶粒较粗大和大型工件时,应测定材质的衰减系数 α,并在定量计算时考虑介质衰减的影响,以减小定量误差。

3.试件几何形状和尺寸的影响

试件底面形状不同,回波高度不一样,凸曲面使反射波发散、回波降低;凹曲面使反射波聚焦、回波升高。对于圆柱体而言,外圆径向探测实心圆柱体时,入射点处的回波声压理论上同平底面试件,但实际上由于圆柱面耦合不及平面,因而其回波低于平底面。实际检测中应综合考虑多个因素对定量的影响,否则会使定量误差增加。

试件底面与探测面的平行度以及底面的光洁度、干净程度也对缺陷定量有较大的影响。当试件底面与探测面不平行、底面粗糙或沾有水迹、油污时将会使底波下降,这样利用底波调节的灵敏度将会偏高,缺陷定量误差增加。

当探测试件侧壁附近的缺陷时,由于侧壁干涉的结果而使定量不准,误差增加。侧壁附近的缺陷,靠近侧壁探测回波低,原离侧壁探测反而回波高。为了减小侧壁的影响,宜选用频率高、芯片直径大、指向性好的探头探测或采用横波探测。必要时还可以采用试块比较法来定量,以便提高定量精度。

试件尺寸的大小对定量也有一定影响。当试件尺寸较小、缺陷位于3N以内时,利用底波调灵敏度并定量,将会使定量误差增加。

4.缺陷的影响

(1)缺陷形状的影响

试件中实际缺陷的形状是多种多样的,缺陷的形状对其回波的波高有很大影响。平面形缺陷波高与缺陷面积成正比,与波长的平方和距离的平方成反比;球形缺陷波高与缺陷直径成正比,与波长的一次方和距离的平方成反比,长圆柱形缺陷波高与缺陷直径的1/2次方成正比,与波长的一次方和距离的3/2次方成反比。

对于各种形状的点状缺陷,当尺寸很小时,缺陷形状对波高的影响就变得很小。当点状缺陷直径远小于波长时,缺陷波高正比于缺陷平均直径的3次方,即随缺陷大小的变化急剧变化。缺陷变小时,波高急剧下降,很容易下降到检测仪不能发现的程度。

(2)缺陷方位的影响

实际缺陷表面相对于超声波入射方向往往不垂直。因此,对缺陷尺寸估计偏小的可能性较大。声波垂直缺陷表面时缺陷波最高。当有倾角时,缺陷波高随入射角的增大而急剧下降。

(3)缺陷波的指向性

缺陷波高与缺陷波的指向性有关,缺陷波的指向性与缺陷大小有关,而且差别较大。垂直入射于圆平面形缺陷时,当缺陷直径为波长的2~3倍以上时,具有较好的指向性,缺陷回波较高。当缺陷直径大于波长的3倍时,不论是垂直入射还是倾斜入射,都可把缺陷对声波的反射看成是镜面反射。当缺陷直径小于波长的3倍时,缺陷反射不能看成是镜面反射,这时缺陷波能量呈球形分布。垂直入射和倾斜入射都有大致相同的反射指向性。表面光滑与否,对反射波指向性已无影响。因此,检测时倾斜入射也可能发现这种缺陷。

(4)缺陷表面粗糙度的影响

缺陷表面光滑与否,用波长衡量。如果表面凹凸不平的高度差小于1/3波长,就可认为该表面是平滑的,这样的表面反射声束类似镜子反射光束,否则就是粗糙表面。对于表面粗糙的缺陷,当声波垂直入射时,声波被乱反射,同时各部分反射波由于有相位差而产生干涉,使缺陷回波波高随粗糙度的增大而下降。当声波倾斜入射时,缺陷回波波高随凹凸程度与波长的比值增大而增高。当凹凸程度接近波长时，即使入射角较大，也能接到回波。

（5）缺陷性质的影响

缺陷回波波高受缺陷性质的影响。声波在界面的反射率是由界面两边介质的声阻抗决定的。当两边声阻抗差异较大时，近似地可认为是全反射，反射声波强。当差异较小时，就有一部分声波透射，反射声波变弱。所以，试件中缺陷性质不同、大小相同的缺陷波波高不同。

通常含气体的缺陷，如钢中的白点、气孔等，其声阻抗与钢声阻抗相差很大，可以近似地认为声波在缺陷表面是全反射。但是，对于非金属夹杂物等缺陷，缺陷与材料之间的声阻抗差异较小，透射的声波已不能忽略，缺陷波高相应降低。

另外，金属中非金属夹杂的反射与夹杂层厚度有关，一般地说，层度小于1/4波长时，随层厚的增加，反射相应增加。层厚超过1/4波长时，缺陷回波波高保持在一定水平上。

5.缺陷位置的影响

缺陷波高还与缺陷位置有关。缺陷位于近场区时，同样大小的缺陷随位置起伏变化，定量误差大。所以，实际检测中总是尽量避免在近场区检测定量。超声波检测技术是根据被检对象的实际情况，依据现行检测标准，结合单位的实际情况，合理选择检测设备、器材和方法，在满足安全技术规范和标准要求的情况下，正确完成检测工作的书面文件。

第三节　磁粉检验技术

一、预处理

对受检工件进行预处理是为了提高检测灵敏度、减少工件表面的杂乱显示,使工件表面状况符合检测的要求,同时延长磁悬液的使用寿命。预处理主要有以下内容。

第一,清除工件表面的杂物。清除的方法根据工件表面质量确定。可采用机械或化学方法进行清除。如采用溶剂清洗、喷砂或钢刷、砂轮打磨和超声清洗等方法,部分焊接接头还可以采用手提式砂轮机修整。清除杂物时特别要注意如螺纹凹处、工件曲面变化较大部位淤积的污垢。用溶剂清洗或擦除时,注意不要用棉纱或带绒毛的布擦拭,防止磁粉滞留在棉纱头上造成假显示,影响观察。

第二,清除通电部位的非导电层和毛刺。通电部位的非导电层(如漆层及磷化层等)及毛刺不仅会隔断磁化电流,还会在通电时产生电弧烧伤工件。可采用溶剂清洗或在不损伤工件表面的情况下用细砂纸打磨,使通电部位导电良好。

第三,分解组合装配件。组合装配件的形状和结构一般比较复杂,难以进行适当的磁化,而且在其交界处易产生漏磁场形成杂乱显示,因此最好分解后进行检测,以利于磁化操作、观察、退磁及清洗。对那些在检测时可能流进磁悬液而又难以清除,以致工件运动时会造成磨损的装配件(如轴承、衬套等),更应该加以分解后再进行检测。

第四,对工件上不需要检查的孔、穴等,最好用软木、塑料或布将其堵上,以免清除磁粉困难。但在维修检查时不能封堵孔、穴,以免掩盖孔穴周围的疲劳裂纹。

第五,干法检测的工件表面应充分干燥,以免影响磁粉的运动。湿法检测的工件,应根据使用的磁悬液的不同,用油磁悬液的工件表面应不能有水分,而用水磁悬液的工件表面则要认真除油,否则会影响工件表面的磁悬液湿润。

第六,有些工件在磁化前带有较大剩磁,有可能影响检测的效果。对这类工件应先进行退磁,然后再进行磁化。如果磁痕和工件表面颜色对比度小,可在检测前先给工件表面涂敷一层反差增强剂。经过预处理的工件,应尽快安排检测,并注意防止其锈蚀、损伤和再次污染。

二、磁化、施加磁粉

(一) 磁化电流的调节

在磁粉检测中,磁化磁场的产生主要靠磁化电流来完成,认真调节好磁化电流是磁化操作的基本要求。由于磁粉检测中通电磁化时电流较大,为防止开关接触不良时产生电弧火花烧伤电触头,通常电压调整和电流检查是分别进行的,即将电压开路调整到一定位置再接通磁化电流,一般不在磁化过程中调整电流。调整时,电压也是从低到高进行调节,以避免工件过度磁化。电流的调整应在工件置入探伤机形成通电回路后才能进行。对通电法或中心导体法磁化,电流调整好后不能随意更换不同类型工件。必须更换时,应重新核对电流,不合要求的应重新调整。线圈磁化时应注意交直流线圈电流调整的差异。对于直流线圈,线圈中有无工件电流变化不是很大;但对于交流线圈,线圈中的工件将影响电流的调整。

(二) 综合性能鉴定

磁粉检测系统的综合性能是指利用自然或人工缺陷试块上的磁痕来衡量磁粉检测设备、磁粉和磁悬液的系统组合特性。综合性能又叫综合灵敏度,利用它可以反映出设备工作是否正常及磁介质的好坏。

鉴定工作在每班检测开始前进行,用带自然缺陷的试块鉴定时,缺陷应能代表同类工件中常见的缺陷类型,并具有不同的严重程度。当按规定的方法和磁化规范检查时,能清晰地显现试块上的全部缺陷,则认为该系统的综合性能合格。当采用人工缺陷试块(环形试块或灵敏度试片)时,用规定的方法和电流进行磁化,试块或试片上应清晰显现出适当大小和数量的人工缺陷磁痕,这些磁痕即表示了该系统的综合性能。在磁粉检测技术图表中应规定对设备器材综合性能的要求。

(三) 磁粉介质的施加

1. 干法操作的要求

干法检测常与触头支杆、Ⅱ形磁轭等便携式设备并用，主要用来检查大型毛坯件、结构件以及不便于用湿法检查的地方。

干法检测必须在工件表面和磁粉完全干燥的条件下进行，否则表面会黏附磁粉，使衬底变差，影响缺陷观察。同时，干法检测在整个磁化过程中要一直保持通电磁化，只有观察磁痕结束后才能撤除磁化磁场。施加磁粉时，干粉应呈均匀雾状分布于工件表面，形成一层薄而均匀的磁粉覆盖层，然后用压缩空气轻轻吹去多余磁粉。吹粉时，要有顺序地移动风具，从一个方向吹向另一个方向，注意不要干扰缺陷形成的磁痕，特别是磁场吸附的磁粉。磁痕的观察、分析在施加干磁粉和去除多余磁粉的同时进行。

2. 湿法操作的要求

湿法有油、水两种磁悬液。他们常与固定式检测设备配合使用，也可以与其他设备并用。湿法的施加方式有浇淋和浸渍。所谓浇淋，是通过软管和喷嘴将液槽中的磁悬液均匀施加到工件表面，或者用毛刷或喷壶将搅拌均匀的磁悬液涂洒在工件表面。浸渍是将已被磁化的工件浸入搅拌均匀的磁悬液槽中，被湿润后再慢慢从槽中取出来。浇淋法多用于连续磁化以及尺寸较大的工件。浸渍法则多用于剩磁法检测时尺寸较小的工件。采用浇淋法时，要注意液流不要过大，以免冲掉已经形成的磁痕；采用浸渍法时，要注意在液槽中的浸放时间和取出方法的正确性，浸放时间过长或取出太快都会影响磁痕的生成。

使用水磁悬液时，载液中应含有足够的润湿剂，否则会造成工件表面的不湿润现象（水断现象）。一般来说，当水磁悬液漫过工件时，工件表面液膜断开，形成许多小水点，就不能进行检测，还应加入更多的湿润剂。工件表面的粗糙度越低，所需要的湿润剂也越多。

在半自动化检查中使用多喷嘴对工件进行磁悬液喷洒时,应注意调节各喷嘴的位置,使磁悬液能均匀地覆盖整个检查面。注意各喷嘴磁悬液的流量大小,防止液流过大,影响磁痕形成。

(四) 连续法操作要点

机电类特种设备的磁粉检测基本都是采用连续法,其操作的要点如下:采用湿法时在工件通电的同时施加磁悬液,至少通电两次,每次时间不得少于 0.5 s,磁悬液均匀湿润后再通电几次,每次 1~3 s,检验可在通电的同时或断电之后进行。采用干法检测时应先通电,通电过程中再均匀喷洒磁粉和干燥空气吹去多余的磁粉,在完成磁粉施加并观察磁痕后才能切断电源。

(五) 磁化操作技术

工件磁化方法有周向磁化、纵向磁化、多向磁化。磁化方法不同时应注意其对磁化操作的要求。当采用通电法周向磁化时,由于磁化电流数值较大,在通电时要注意防止工件过热或因工件与磁化夹头接触不良造成端部烧伤。在探伤机夹头上应有完善的接触保护装置,如覆盖铜网或铅垫,以减少工件和夹头间的接触电阻。另外在夹持工件时应有一定的接触压力和接触面积,使接触处有良好的导电性能。在磁化时还应注意施加激磁电流的时间不宜过长,以防止工件温度升高超过许可范围,特别是直流磁化时更是如此。在采用触头与工件间的接触不好,则容易在触头电极处烧伤工件或使工件局部过热。因此,在检测时,触头与工件间的接触压力足够,与工件接触或离开工件时要断电操作,防止接触处打火烧伤工件的现象发生。并且一般不用触头法检查表面光洁度要求较高的工件。触头法检查时应根据需要进行多次移动磁化,每次磁化应按规定有一定的有效检测的范围,并注意有效范围边缘应相互重叠。检测用触头的电极一般不用铜制作,因为铜在接触不良打火时可能渗入钢铁中,影响材料的使用性能。

在采用中心导体法磁化时,芯棒的材料可用铁磁性材料也可不用铁磁性材料。为了减少芯棒导体的通电电阻,常常采用导电良好并具有一定强度的铜棒(铜管)或铝棒。当芯棒位于管形工件中心时,工件表面的磁场是均匀的,但当工件直径较大,探伤设备又不能提供足够的电流时,也可采用偏置芯棒法检查。偏置芯棒应靠近工件内表面,检测时应不断转动工件(或移动工件)进行检测,这时工件需注意圆弧面的分段磁化并且相邻区域要有一定的重叠面。

采用线圈法进行纵向磁化时,应注意交直流线圈的区别。在线圈中磁化时,工件应平行于线圈轴线放置。不允许手持工件放入线圈的同时通电,特别是采用直流电线圈磁化时,更应该防止强磁力吸引工件造成对人的伤害。若工件较短时,可以将数个短工件串联在一起进行检测,或在单个工件上加接接长杆检测。若工件长度远大于线圈直径,由于线圈有效磁化范围的影响,应对长工件进行分段磁化。分段时每段不应超出线圈直径的一半,且磁化时要注意各段之间的覆盖。线圈直流磁化时,工件两端部分的磁力线是发散的,端头面上的横向缺陷不易得到显示,检测灵敏度不高。

用磁轭法进行直流纵向磁化时,磁极与工件间的接触要好,否则在接触处将产生很大的磁阻,影响检测灵敏度。极间磁轭法磁化时,如果工件截面大于铁芯截面,工件中的磁感应强度将低于铁芯中的磁感应强度。工件得不到必要的磁化;而工件截面若是大于铁芯截面,工件两端由于截面突变在接触部位产生很强的漏磁场,使工件端部检测灵敏度降低。为避免以上情况,工件截面最好与铁芯截面接近。此时只有在中间部位移动线圈进行磁化,才能保证工件各部位检测灵敏度的一致。

在使用便携式磁轭及交叉磁轭旋转磁场检测时,应注意磁极端面与工件表面的间隙不能过大。如果有较大的间隙存在,接触处将有很强的漏磁场吸引磁粉,形成检测盲区并将降低工件表面上的检测灵敏度。检测平面工件时,还应注意磁轭在工件上的行走速度要适宜,并保持一定的覆盖面。

对于其他的磁化方法,也应注意其使用的范围及有效磁化区。注意操作的正确性,防止因失误影响检测工作的进行。不管是采用何种检测方法,在通电时是不允许装卸工件的,特别是采用通电法和触头法时更是如此。这一方面是为了操作安全,另一方面也是防止工件端部受到电烧伤而影响产品使用。

(六) 交叉磁轭对检测灵敏度的影响因素

1.磁化场方向对检测灵敏度的影响

为了能检出各个方向的缺陷,通常对同一部位需要进行互相垂直的两个方向磁化。一是要有足够的磁场强度;二是要尽量使磁场方向与缺陷方向垂直,这样才能获得最大的缺陷漏磁场,易于形成磁痕,从而确保缺陷不漏检。对旋转磁化来说,由于其合成磁场方向是不断地随时间旋转的,任何方向的缺陷都有机会与某瞬时的合成磁场垂直,从而产生较大的缺陷漏磁场而形成磁痕。但是,只有当旋转磁场的长轴方向与缺陷方向垂直时才有利于形成磁痕。

2.交叉磁轭磁极与工件间隙大小的影响

磁轭式磁粉探伤仪和交叉磁轭的工作原理是通过磁轭把磁通导入被检测工件来达到磁化工件的目的。而磁极与工件之间的间隙越大,磁阻越大,从而降低了有效磁通。当然也就会降低工件的磁化程度,结果必然造成检测灵敏度的下降。此外,由于间隙的存在将会在磁极附近产生漏磁场,间隙越大所产生的漏磁场就越严重。间隙产生的漏磁场会干扰磁极附近由缺陷产生的漏磁场,有可能形成过度背景或以至于无法形成缺陷磁痕。因此,为了确保检测灵敏度和有效检测范围,必须限制间隙,而且越小越好。

对于特种设备,由于其结构特点,当被检工件表面为一曲面时,它的四个磁极不能很好地与工件表面相接触,会产生某一磁极悬空(在球面上时),或产生四个磁极以线接触方式与工件表面相接触(在柱面上时),这样就在某一对磁极间产生很大的磁阻,从而降低了某些方向上的检测灵敏度。因此,在进行特种设备磁粉检测时,使用交叉磁轭旋转磁场探伤仪应随时注意各磁极与工件表面之间的接触是否良好,当接触不良时应停止使用,以避免产生漏检。

3.交叉磁轭移动方式的影响

交叉磁轭磁场分布无论在四个磁极的内侧还是外侧,磁场分布是极不均匀的。只有在几何中心点附近很小的范围内,其旋转磁场的椭圆度变化不大,而离开中心点较远的其他位置,其椭圆度变化很大,甚至不形成旋转磁场。因此,使用交叉磁轭进行探伤时,必须连续移动磁轭,边行走磁化边施加磁悬液。只有这样操作才能使任何方向的缺陷都能经受不同方向和大小磁场作用,从而形成磁痕。

4.行走速度与磁化时间的影响

交叉磁轭的行走速度对检测灵敏度至关重要,因为行走速度的快慢决定着磁化时间。而磁化时间是有要求的,磁化时间过短,缺陷磁痕就无法形成[1]。

5.喷洒磁悬液方式的影响

用交流电磁轭探伤时,必须先停止喷洒磁悬液,然后断电。为的是避免已经形成的缺陷磁痕被流动的磁悬液破坏掉。当采用交叉磁轭旋转磁场磁粉探伤仪进行检测时,是边移动磁化边喷洒磁悬液,这就更应该避免由于磁悬液的流动破坏已经形成的缺陷磁痕。这也需要掌握磁悬液的喷洒应在保证有效磁化场被全部润湿的情况下,与交叉磁轭的移动速度良好地配合,才能把细微的缺陷磁痕显现出来,对这种配合的要求是:在移动的有效磁化范围内,有可供缺陷漏磁场吸引的磁粉,同时又不允许因磁悬液的流动而破坏已经形成了的缺陷磁痕,如果配合不好,即使有缺陷磁痕形成也会遭到破坏,因此使用交叉磁轭最难掌握的环节是喷洒磁悬液,需要根据交叉磁轭的移动速度、

---

[1]党林贵,李玉军,张海营,等. 机电类特种设备无损检测[M]. 郑州:黄河水利出版社,2012.

被检部位的空间位置等情况来调整喷洒手法。旋转磁轭探伤时最好选用能形成雾状磁悬液的喷壶,但是压力不要太高。为了提高磁粉的附着力,可在水磁悬液中加入少量的水溶性胶水,用以保护已经形成的缺陷磁痕,经试验证明效果很好。

目前,复合磁化技术在国内外的应用已非常广泛,而采用交叉磁轭旋转磁场进行磁粉检测,其主要原因就是用交叉磁轭检测时,其操作手法必须十分严格,否则容易造成漏检。尤其是有埋藏深度的较小缺陷,漏检概率会更高。

6. 综合性能试验的影响

既然是综合性能试验(系统灵敏度试验),就应该按照既定的技术条件(尤其是移动速度)把试片贴在焊接接头的热影响区进行试验,在静止的状态下把试片贴在四个磁极的中心位置进行综合性能试验是不规范的,因为静止状态不包含由于交叉磁轭的移动对检测灵敏度的影响。

(七) 交叉磁轭的提升力

1. 磁轭的结构尺寸及激磁规范对提升力的影响

磁轭的提升力与磁通成正比。磁轭的提升力的大小取决于磁轭的铁芯截面面积、铁芯材料的磁性能以及激磁规范的大小。测试提升力的根本目的就在于检验磁轭导入工件有效磁通的多少。这只是一种手段,以此来衡量磁轭性能的优劣。

2. 磁极与工件表面间隙对提升力的影响

由于磁路(铁芯)中的相对磁导率,远远大于空气中的相对磁导率,因此由于间隙的存在必将损耗磁势,降低导入工件的磁通量,从而也降低了被磁化工件的有效磁化场强度和范围的大小。

而间隙的存在所损耗的磁势将产生大量的泄漏磁场,且通过空气形成磁回路。它的存在降低了磁轭的提升力,同时也降低了检测灵敏度,还会在间隙附近产生漏磁场。因此,即使在磁极间隙附近有缺陷,也将被间隙产生的漏磁场所湮没,根本无法形成磁痕。通常把这个区域称为盲区。

3.旋转磁场的自身质量对提升力的影响

旋转磁场是由两个或多个具有一定相位差的正弦交变磁场相互叠加而形成。所谓旋转磁场的自身质量,是指在不同瞬间其合成磁场幅值大小的变化情况。正如通常所说"椭圆形旋转磁场"或"圆形旋转磁场",而"圆形旋转磁场"比"椭圆形旋转磁场"的自身质量要高,提升力也更大。

三、磁痕观察、记录与缺陷评级

(一)磁痕观察的环境

磁痕是磁粉在工件表面形成的图像,又叫做磁粉显示。观察磁粉显示要在标准规定的光照条件下进行。采用白光检查非荧光磁粉或磁悬液显示的工作时,应能清晰地观测到工件表面的微细缺陷。此时工件表面的白光强度至少应达到1000 lx。若使用荧光磁悬液,必须采用黑光灯,并在有合适的暗室或暗区的环境中进行观察。采用普通的黑光灯时,暗室或暗区内的白光强度不应大于20 lx,工件表面上的黑光波长和强度也应符合标准规定。刚开始在黑光灯下观察时,检查人员应有暗场适应时间,一般不应少于3 min,以使眼睛适应在暗光下进行观察。

(二)磁痕观察的方法

对工件上形成的磁痕应及时观察和评定。通常观察在施加磁粉结束后进行,在用连续法检验时,也可以在进行磁化的同时检查工件,观察磁痕。观察磁痕时,首先要对整个检测面进行检查,对磁粉显示的分布大致了解。对一些体积太大或太长的工件,可以划定区域分片观察。对一些旋转体的工件,可画出观察起始位置再进行磁痕检查。在观察可能受到妨碍的场合,可将工件从探伤机上取下仔细检查。取下工件时,应注意不要擦掉已形成的磁粉显示或使其模糊。观察时,要仔细辨认磁痕的形态特征,了解其分布状况,结合其加工过程,正确进行识别。对一些不清楚的缺陷磁痕,可以重复进行磁化,必要时还可加大磁化电流进行磁化,也可以采用放大镜对磁痕进行观察。

(三) 材料不连续性的认识与评定

材料的均匀状态(致密性)受到破坏,自然结构发生突然变异叫做不连续性。这种受到破坏的均匀状态可能是材料中固有的,也可能是人为制造的。而通常影响材料使用的不连续性就叫做缺陷。并非所有的磁粉显示都是缺陷磁痕。除缺陷磁痕能产生磁粉显示外,工件几何形状和截面的变化表面预清理不当、过饱和磁化、金相组织结构变化等都可能产生磁粉显示。

应当根据工件的技术特点、磁粉的不同显示分析磁痕产生的原因,确定磁痕的性质。磁粉检测只能发现工作表面和近表面(表层)上的缺陷。这两种显示的特征不完全相同。表明缺陷磁痕一般形象清晰、轮廓分明、线条纤细并牢固地吸附在工件表面上,而近表面缺陷磁粉显示清晰程度较表面差,轮廓也比较模糊成弥散状。在擦去磁粉后,表面缺陷可用放大镜看到缺陷开口处的痕迹,而近表面缺陷则很难观察到缺陷。

对于缺陷及非缺陷产生的磁粉显示以及假显示也应该正确识别。缺陷的磁痕又叫相关显示,有一定的重复性,即擦掉后重新磁化又将出现。同时,不同工件上的缺陷磁痕出现的部位和形态也不一定相同,即使同为裂痕,也都有不同的形态。而几何形状等引起的磁痕(非相关显示)一般都有一定规律。

对工件来说,不是有了缺陷就要报废。因此,对有缺陷磁痕的工件,应该按照验收技术条件(标准)对工件上的磁痕进行评定。不同产品有不同的验收标准,同一产品在不同的使用地方也有不同的要求,严格按照验收标准评定缺陷磁痕是必不可少的工作。

(四) 磁痕的记录与保存

磁粉检测主要是靠磁痕图像来显示缺陷的。应该对磁痕情况进行记录,对一些重要的磁痕还应该复制和保存,以作评定和使用的参考。

磁痕记录有几种方式绘制磁痕草图。在草图上标明磁痕的形态、大小及尺寸;在磁痕上喷涂一层可剥离的薄膜,将磁痕粘在上面取下薄膜;用橡胶铸型法对一些难以观察的重要孔穴内的磁痕进行保存。

照相复制。对带磁痕的工件或其磁痕复制品进行照相复制,用照片反映磁痕原貌;照相时,应注意放置比例尺,以便确定缺陷的大小;用记录表格的方式记下磁痕的位置、长度和数量;对记录下的磁痕图像,应按规定加以保存;对一些典型缺陷的磁痕,最好能够进行永久性记录。

(五)试验记录与检测报告

试验记录应由检测人员填写,记录上应真实准确记录下工件检测时的有关技术数据并反映检测过程是否符合技术说明书(图表)的要求,并且具有可追踪性,主要应包括以下内容:工件,记录其名称、尺寸、材质、热处理状态及表面状态;检测条件包括检测装置磁粉种类(含磁悬液情况)、检验方法、磁化电流、磁化方法、标准试块磁化规范等;磁痕记录应按要求对缺陷磁痕大小、位置、磁痕等级等进行记录;在采用有关标准评定时,还应记录下标准的名称及要求。检测报告是关于检测结论的正式文件,应根据委托检测单位要求做出,并由检测负责人等签字,检测报告可按有关要求制定。

四、退磁

(一)铁磁材料的退磁原理

铁磁材料磁化后都不同程度地存在剩余磁场,特别是经剩磁法检测的工件,其剩余磁性就更强。在工业生产中,除了有特殊要求的地方,一般不希望工件上的残留磁场过大。因为具有剩磁的工件,在加工过程中会加速工具的磨损,可能干扰下道工序的进行以及影响仪表和精密设备的使用等。退磁就是消除材料磁化后的剩余磁场,使其达到无磁状态的过程。退磁的目的是打乱由于工件磁化引起的磁畴方向排列的一致,让磁畴恢复到磁化前的杂乱无章的磁性状态。退磁是磁化的逆过程。反转磁场退磁有两个必需的条件,即退磁的磁场方向一定不断地正反变化,与此同时,退磁的磁场强度一定要从大到小(足以克服矫顽力)不断减少。

(二)实现退磁的方法

1.工件中磁场的换向方法

不断反转磁化场中的工件;不断改变磁化场磁化电流的方向,使磁场不断改变方向;将磁化装置不断地进行180°旋转,使磁场反复换向。

2.磁场强度的减少方法

不断减少退磁场电流;使工件逐步远离退磁磁场;使退磁磁场逐渐远离工件。在退磁过程中,磁场方向反转的速率叫退磁频率。方向每转变一次,退磁的磁场强度也应该减少一部分。其需要的减小量和换向的次数,取决于工件材料的磁导率和工件形状及剩磁的保存深度。材料磁导率低(剩磁大)及直流磁化后,退磁磁场换向的次数(退磁频率)应较多,每次下降的磁场值应较少,且每次停留的时间(周期)要略长。这样可以较好地打乱磁畴的排布。而对于磁导率高及退磁因子小的材料经交流磁化的工件,由于剩磁较低,退磁磁场则可以比较大地下降。

退磁时的初时磁场值应大于工件磁化时的磁场,每次换向时磁场值的降低不宜过大或过小,且应停留一定时间,这样才能有效地打乱工件中磁畴排布。但在交流退磁中,由于换向频率是固定的,所以其退磁效果远不如超低频电流。

一般来说,进行了周向磁化的工件退磁,应先进行一次纵向磁化。这是因为周向磁化时工件上的磁力线完全被包含在闭合磁路中,没有自由磁极。若先在磁化的工件中建立一个纵向磁场,使周向剩余磁场合成一个沿工件轴向螺旋状多项磁场,然后再施加反转磁场使其退磁,这时退磁效果较好。

纵向磁化的工件退磁时,应当注意退磁磁场反向交变减少过程的频率。当退磁频率过高时,剩磁不容易退得干净,当交替变化的电流以超低频率运行时,退磁的效果较好。利用交流线圈退磁时,工件应缓慢通过线圈中心并移出线圈 1.5m 以外;若有可能,应将工件在线圈中转动数次后移出有效磁场区,退磁效果会更好。但应注意,不宜将过多任务件堆放在一起通过线圈退磁,由于交流电的集肤效应,堆放在中部的工件可能会退磁不足。最好的办法是将工件单一成排通过退磁线圈,以加强退磁效果。

采用扁平线圈或"Π"形交流磁轭退磁时,应将工件表面贴近线圈平面或"Π"形交流磁轭的磁极处,并让工件和退磁装置做相对运动。工件的每一个部分都要经过扁平线圈的中心或"Π"形磁轭的磁极,将工件远离他们后才能切断电源。操作时,最好像电熨斗一样来回"熨"过几次,并注意一定的覆盖区,可以取得较好的效果。长工件在线圈中退磁时,为了减少地磁的影响,退磁线圈最好东西方向放置,使线圈轴与地磁方向成直角。退磁效果用专门的仪器检查,应达到规定的要求。简便方法可采用大头针来检查,方法是用退磁后的工件磁极部位吸引大头针,以吸引不上为符合退磁要求。

五、后处理

后处理包括对退磁后工件的清洗和分类标记,对有必要保留的磁痕还应用合适的方法进行保留。

经过退磁的工件,如果附着的磁粉不影响使用,可不进行清理。但如果残留的磁粉影响以后的加工和使用,则在检查后必须清理。清理主要是除去表面残留磁粉和油漆,可以用溶剂冲洗或磁粉烘干后清除。使用水磁悬液检测的工件为防止表面生锈,可以用脱水除锈进行处理。

经磁粉检测检查并已确定合格的工件应做出明显标记,标记的方法有打钢印、腐蚀、刻印、着色、盖胶印、拴标签、铅封及分类存放等。严禁将合格品和不合格品混放。标记的方法和部位应由设计或技术部门确定,应不能被后续加工去掉,并不影响工件的以后检验和使用。

六、复验

当出现下列情况之一时,应进行复验:检测结束时,用标准试片验证检测灵敏度不符合要求时;发现检测过程中操作方法有误或技术条件改变时;磁痕显示难以定性时;供需双方有争议或认为有其他需要时。若产品技术条件允许,可通过局部打磨减小或排除被拒收的缺陷。进行复验时和打磨排除缺陷后,仍应按原检测技术要求重新进行磁粉检测和磁痕评定。

第四节 渗透检验技术

一、表面清洗和预清洗

(一)预清洗的意义及清洗范围

渗透检测操作中,最重要的要求之一是使渗透剂能以最大限度渗入工件表面开口缺陷中去,使显示更加清晰,更容易识别。工件表面的污物将严重影响这一过程。所以,在施加渗透剂之前,必须对被检工件的表面进行预清洗,以除去工件表面的污染物;对局部检测的工件,清洗的范围应比要求检测的范围大。总之,预清洗是渗透检测的第一道工序。在渗透检测器材合乎标准要求的条件下,预清洗是保证检测成功的关键。

(二)污染物的种类

被检工件常见的污染物有以下六类:①铁锈、氧化皮和腐蚀产物;②焊接飞溅、焊渣、铁屑和毛刺;③油漆及其涂层;④防锈油、机油、润湿油和含有有机成分的液体;⑤水和水蒸发后留下的化合物;⑥酸和碱以及化学残留物。

（三）清除污物的目的

第一，污染物会妨碍渗透剂对工件的润湿，妨碍渗透剂渗入缺陷，严重时甚至会完全堵塞缺陷开口，使渗透剂无法渗入。

第二，缺陷中的油污会污染渗透剂，从而降低显示的荧光亮度或颜色强度。

第三，在荧光检测时，最后显现在紫蓝色的背景下显现黄绿色的缺陷影像，而大多数油类在黑光灯照射下都会发光（如煤油、矿物油发浅蓝色光），从而干扰真正的缺陷显示。

第四，渗透剂易保留在工件表面有油污的地方，从而有可能会把这些部位的缺陷显示掩盖掉。

第五，渗透剂容易保留在工件表面毛刺氧化物等部位，从而产生不相关显示。

第六，工件表面上的油污被带进渗透剂槽中，会污染渗透剂，降低渗透剂的渗透能力、荧光强度（颜色强度）和使用寿命。

第七，在实际检测过程中，对同一工件，应先进行渗透检测后再进行磁粉检测，若进行磁粉检测后再进行渗透检测时磁粉会紧密地堵住缺陷。而且这些磁粉的去除是比较困难的，对于渗透检测来说，湿磁粉也是一种污染物，只有在强磁场的作用下，才能有效地去除。同样，如工件同时需要进行渗透检测和超声波检测，也应先进行渗透检测后再进行超声波检测。因为超声检测所用的耦合剂，对渗透检测来说也是一种污染物。

（四）清除污物的方法

表面准备时，应视污染物的种类和性质，选择不同的方法去除，常用的方法有机械清洗、化学清洗、溶剂清洗等。

1. 机械清洗

（1）机械清洗的适应性和方法

当工件表面有严重的锈蚀、焊接飞溅、毛刺、涂料等一类的覆盖物时,应首先考虑采用机械清洗的方法,常用的方法包括振动光饰、抛光、干吹砂、湿吹砂、钢丝刷、砂轮磨和超声波清洗等。振动光饰适于去除轻微的氧化物、毛刺、锈蚀铸件型砂或模料等,但不适用于铝、镁和钛等软金属材料。抛光适用于去除表面的积碳、毛刺等。干吹砂适用于去除氧化物、焊渣、模料、喷涂层和积碳等。湿吹砂可用于清除比较轻微的沉积物。砂轮磨和钢丝刷适用于去除氧化物焊剂、铁屑、焊接飞溅和毛刺等。超声波清洗是利用超声波的机械振动,去除工件表面油污,它常与洗涤剂或有机溶剂配合使用,适用于小批量工件的清洗。应注意的是,涂层必须用化学方法去除,不能用打磨方法去除。

（2）机械清洗应注意的事项

采用机械清洗时,对喷丸、吹砂、钢丝刷及砂轮磨等方法的选用应特别注意。一方面,这些方法易对工件表面造成损坏,特别是表面经研磨过的工件及软金属材料（如铜、铝、钛合金等）更易受损,同时,这类机械方法还有可能使工件表面层变形,如变形发生在缺陷开口处,很可能造成开口闭塞,渗透剂难以涌入。另一方面,采用这些机械方法清理污物时,所产生的金属粉末、砂末等也可能堵塞缺陷,从而造成漏检。所以,经机械处理的工件,一般在渗透检测前应进行酸洗或碱洗。焊接件和铸件吹砂后,可不进行酸洗或碱洗而进行渗透检测,精密铸件的关键部件如涡轮叶片,吹砂后必须酸洗方能进行渗透检测。

2.化学清洗

（1）化学清洗的适应性和方法

化学清洗主要包括酸洗和碱洗,酸洗是用硫酸、硝酸或盐酸来清洗工件表面的铁锈（氧化物）;碱洗是用氢氧化钠、氢氧化钾来清洗工件表面的油污、抛光剂、积碳等,碱洗多用于铝合金。对某些在用的工件,其表面往往会有较厚的结垢、油污锈蚀等,如采用溶剂清洗,不但不经济而且还难以清洗干净。所以,可以先将污物用机械方法清除后,再进行酸洗或碱洗。还有那些经机械加工的软金属工件,其表面的缺陷很可能因塑性变形,而被封闭,这时,也可以用酸碱侵蚀而使缺陷开口重新打开。机电类特种设备涉及最多的钢工件通常采用硫酸、铬酐、氢氟酸加水配制成的侵蚀剂来处理。

(2)化学清洗的程序及应注意事项

化学清洗的程序如下:酸洗(或碱洗)→水淋洗→烘干。酸洗(或碱洗)要根据被检金属材料、污染物的种类和工作环境来选择。同时,由于酸碱对某些金属有强烈的腐蚀作用,所以在使用时,对清洗液的浓度、清洗的时间都应严格控制,以防止工件表面的过腐蚀。高强度钢酸洗时,容易吸进氢,产生氢脆现象。因此,在清洗完毕后,应立即在合适的温度下烘烤一定的时间,以去除氢。另外,无论酸洗或碱洗,都应对工件进行彻底的水淋洗,以清除残留的酸或碱。否则,残留的酸或碱不但会腐蚀工件,而且还能与渗透剂产生化学反应而降低渗透剂的颜色强度或荧光亮度。清洗后还要烘干,以除去工件表面和可能渗入缺陷中的水分[1]。

3.溶剂清洗

溶剂清洗包括溶剂液体清洗和溶剂蒸汽除油等方法。它主要用于清除各类油、油脂及某些油漆。溶剂液体清洗通常采用汽油、醇类(甲醇、乙醇)、苯、甲苯、三氯乙烷、三氯乙烯等溶剂清洗或擦洗,常应用于大工件局部区域的清洗。这些清洗剂对油、脂类物质有明显的清洗效果,并且在短时间内可保持工件不生锈。溶剂蒸汽除油通常是采用三氯乙烯蒸汽除油,它是一种最有效又最方便的除油方法。这种除油方法操作简便,只需将工件放入蒸汽区中,三氯乙烯蒸汽便迅速在工件表面冷凝,从而将工件表面的油污溶解掉。在除油过程中,工件表面浓度不断上升,当达到一定温度时,除油也就结束了。三氯乙烯蒸汽除油法不仅能有效地去除油污,还能加热工件,保证工件表面和缺陷中水分蒸发干净,有利于渗透剂的渗入。

---

①刘贵民,马丽丽. 无损检测技术[M]. 北京:国防工业出版社,2010.

二、施加渗透剂

(一)渗透剂的施加方法

施加渗透剂的常用方法有浸涂法、喷涂法、刷涂法和浇涂法等。可根据工件的大小、形状数量和检查的部位来选择。

1.浸涂法

把整个工件全部浸入渗透剂中进行渗透,这种方法渗透充分,渗透速度快,效率高,它适用于大批量的小工件的全面检查。

2.喷涂法

可采用喷罐喷涂、静电喷涂、低压循环泵喷涂等方法,将渗透剂喷涂在被检部位的表面上。喷涂法操作简单,喷洒均匀,机动灵活,它适于大工件的局部检测或全面检测。

3.刷涂法

采用软毛刷或棉纱布、抹布等将渗透剂刷涂在工件表面上。刷涂法机动灵活,适用于各种工件,但效率低,常用于大型工件的局部检测和焊接接头检测,也适用中小工件小批量检测。

4.浇涂法

浇涂法也称流涂法,是将渗透剂直接浇在工件表面上,适于大工件的局部检测。

(二)渗透时间及温度控制

渗透时间是指施加渗透剂到开始乳化处理或清洗处理之间的时间。它包括滴落(采用浸涂法时)的时间,具体是指施加渗透剂的时间和滴落时间的总和。采用浸涂法施加渗透剂后需要进行滴落,以减少渗透剂的损耗,也减少渗透剂对乳化剂的污染。因为渗透剂在滴落的过程中仍继续保留渗透作用,所以滴落时间是渗透时间的一部分,渗透时间又称接触时间或停留时间。

渗透时间的长短应根据工件和渗透剂的温度、渗透剂的种类、工件种类、工件的表面状态、预期检出的缺陷大小和缺陷的种类来确定。

渗透时间要适当,不能过短,也不宜太长,时间过短,渗透剂渗入不充分,缺陷不易检出;如果时间过长,渗透剂易于干涸,清洗困难,灵敏度低,工作效率也低。

对于某些微小的缺陷,例如腐蚀裂纹,所需的渗透时间较长,有时可以达到几小时。渗透温度过高,渗透剂容易干枯,存留在工件表面上,给清洗带来困难,同时,渗透剂受热后,某些成分蒸发,会使其性能下降;温度太低,将会使渗透剂变稠,使动态渗透参量受到影响,必须根据具体情况适当增加渗透时间,然后再进行渗透。

三、去除多余的渗透剂

(一) 水洗型渗透剂的去除

水洗型渗透剂的去除主要有四种方法,即手工水喷洗、手工水擦洗、自动水喷洗和空气搅拌水浸洗。空气搅拌水浸洗法仅适于对灵敏度要求不高的检测。水洗型荧光渗透剂用水喷洗,应由下往上进行,以避免留下一层难以去除的荧光薄膜,水洗型渗透剂中含有乳化剂,所以如水洗时间长、水洗温度高、水压过高都有可能把缺陷中的渗透剂清洗掉,造成过清洗。水洗时间得在合格背景前提下,越短越好。水洗时应在白光(着色渗透剂)或黑光(荧光渗透剂)下监视进行。采用手工水擦洗时,首先用清洁而不起毛的擦拭物(棉纱、纸等)擦去大部分多余的渗透剂,然后用被水润湿的擦拭物擦拭。应当注意的是,擦拭物只能用水润湿,不能过饱和,以免造成过清洗。最后将工件表面用清洁而干燥的擦拭物擦干,或者自然风干。

(二) 溶剂去除型渗透剂的去除

先用不脱毛的布或纸巾擦拭去除工件表面多余的渗透剂,然后再用沾有去除剂的干净不脱毛的布或纸巾擦拭,直到将被检表面上多余的渗透剂全部擦净。擦拭时必须注意:应按一个方向擦拭,不得往复擦拭;擦拭用的布或纸巾只能用去除剂润湿,不能过饱和,更不能用清洗剂直接在被检面上冲洗,因为流动的溶剂会冲掉缺陷中的渗透剂,造成过清洗；去除时应在白光（着色渗透检测）或黑光（荧光渗透检测）下监视去除效果。

（三）去除表面多余渗透剂的方法与从缺陷中去除渗透剂的可能性的关系

图3-6表示采用不同的去除表面多余渗透剂的方法与从缺陷中去除渗透剂的可能性的关系。

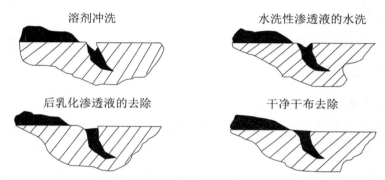

图3-6　不同的去除方法与从缺陷中去除渗透剂的可能性的关系

可以看出，用不沾有有机溶剂的干布擦拭时，缺陷内的渗透剂保留最好；后乳化型渗透剂的乳化去除法较好；水洗型渗透剂的水洗去除法较差；有机溶剂冲洗去除法最差，缺陷中的渗透剂被有机溶剂洗掉最多。

在去除操作过程中，如果出现欠洗现象，则应采取适当措施，增加清洗去除，使荧光背景或者底色降低到允许水准上；或重新处理，即从预清洗开始，按顺序重新操作，渗透、乳化、清洗去除及显像过程。如果出现过乳化过清洗现象，则必须进行重新处理。

四、干燥

（一）干燥的目的和时机

干燥处理的目的是除去工件表面的水分，使渗透剂能充分地渗入缺陷或被回渗到显像剂上。干燥的时机与表面多余渗透剂的清除方法和所使用的显像剂密切相关。当采用溶剂去除工件表面多余的渗透液时,不必进行专门的干燥处理,只需自然干燥 5～10 min。用水清洗的工件,则在显像之前必须进行干燥处理;若采用水基湿显像剂(如水悬浮型显像剂),水洗后直接显像,然后再进行干燥处理。

(二) 干燥的常用方法

干燥的方法可用干净的布擦干、压缩空气吹干、热风吹干、热空气循环烘干装置烘干等方法。实际应用中,常将多种干燥方法结合起来使用。对于单件或小批量工件,经水洗后,可用干净的布擦去表面明显的水分,再用经过过滤的清洁干燥的压缩空气吹去工件表面的水分,尤其要吹去盲孔、凹槽、内腔部位及可能积水部位的水分,然后再放进热空气循环干燥装置中干燥,这样做不但效果好,而且效率高。

(三) 干燥的时间和温度控制

干燥时要注意温度不要过高,时间也不宜过长,否则会将缺陷中的渗透剂烘干,造成施加显像剂后,缺陷中的渗透剂不能回渗到工件表面上来,从而不能形成缺陷显示,使检测失败。允许的最高干燥温度与工件的材料和所用的渗透剂有关。正确的干燥温度应通过试验确定,干燥时间越短越好,干燥时间与工件材料尺寸、表面粗糙度、工件表面水分的多少、工件的初始温度和烘干装置的温度有关,不与干燥的工件数量有关。

(四) 注意事项

干燥时,还应注意工作筐、吊具上的渗透检测剂以及操作者手上油污等对工件的污染,以免产生虚假的显示或掩盖显示。为防止污染,应将干燥前的操作和干燥后的操作隔离。

五、显像

显像过程是指在工件表面施加显像剂,利用吸附作用和毛细作用原理将缺陷中的渗透剂回渗到工件表面,从而形成清晰可见的缺陷显示图像的过程。

（一）显像方法

常用的显像方法有干式显像、非水基湿式显像、湿式显像和自显像等，其中非水基湿式显像在机电类特种设备的渗透检测中最为常用，干式显像和自显像基本不采用。

1. 非水基湿显像

非水基湿式显像一般采用压力喷罐喷涂，喷涂前必须摇动喷罐中珠子，使显像剂搅拌均匀，喷涂时要预先调节，调节到边喷涂边形成显像薄膜的程度；喷嘴距被检表面的距离为 300 ~ 400 mm，喷洒方向与被检面的夹角为 30° ~ 40°。非水基湿显像时也采用刷涂和浸涂。刷涂时，所用的刷笔要干净，一个部位不允许往复刷涂多次；浸涂时要迅速，以免缺陷内的渗透剂被侵蚀掉。实际操作时，喷显像剂前，一定要在工件检验部以外试好后再喷到受检部位，以保证显像剂喷洒均匀。

2. 水基湿显像

水基湿显像可采用浸涂、流涂或喷涂等方式。在实际应用中，大多数采用浸涂。在施加显像剂之前，应将显像剂搅拌均匀，涂覆后，要进行滴落，然后再放在热空气循环干燥装置中干燥。干燥的过程就是显像的过程。对悬浮型水基湿显像剂，为防止显像剂粉末沉淀，在浸涂过程中，还应不定时地搅拌。

（二）显像的时间和温度控制

显像时间和温度应控制在规定的范围内，显像时间不能太长，也不能太短。显像时间太长，会造成缺陷显示被过度放大，使缺陷图像失真，降低分辨力；而时间过短，缺陷内渗透剂还没有被回渗出来形成缺陷显示，将造成缺陷漏检。所谓显像时间，在干粉显像中，是指从施加显像剂到开始观察的时间；在湿式显像法中，是指从显像剂干燥到开始观察的时间。显像时间必须严加控制。显像时间取决于渗透剂和显像剂的种类、缺陷大小以及被检件的温度，显像时间一般不少于 7 min。

(三) 显像剂覆盖层的控制

施加显像剂时,应使显像剂在工件表面上形成圆滑均匀的薄层,并以能覆盖工件底色为度。应注意不要使显像剂覆盖层过厚。如太厚,会把显示掩盖起来,降低检测灵敏度;如覆盖层太薄,则不能形成显示。

(四) 干粉显像和湿式显像比较

干粉显像和湿式显像相比,干粉显像只附着在缺陷部位,即使经过一段时间后,缺陷轮廓图形也不散开,仍能显示出清晰的图像,所以使用干粉显像时,可以分辨出相互接近的缺陷。另外,通过缺陷的轮廓图形进行等级分类时,误差也较小。相反,湿式显像后,如放置时间较长,缺陷显示图形会扩展开来,使形状和大小都发生变化,但湿式显像易于吸附在工件表面上形成覆盖层,有利于形成缺陷显示并提供良好的背景,对比度较高。

(五) 显像剂的选择原则

渗透剂不同,工件表面状态不同,所选用的显像剂也不同。就荧光渗透剂而言,光洁表面应优先选用溶剂悬浮显像剂,粗糙表面应优先选用干式显像剂,其他表面优先选用溶剂悬浮显像剂,然后是干式显像剂,最后考虑水悬浮显像剂。就着色渗透剂而言,任何表面状态,都应优先选用溶剂悬浮显像剂,然后是水悬浮显像剂。

六、观察和评定

(一) 对观察时机的要求

缺陷显示的观察应在施加显像剂之后 7 ~ 60 min 时间内进行。如显示的大小不发生变化,则可超过上述时间,甚至可达到几小时。

(二) 观察时对光源的要求

检验时,工作场地应保持足够的照度,这对于提高工作效率,使细微的缺陷能被观察到,确保检测灵敏度是非常重要的。

着色检测应在白光下进行,显示为红色图像。通常工件被检面白光照度应大于或等于 1000 lx；当现场采用便携式设备检测，由于条件所限无法满足时，可见光照度可以适当降低，但不得低于 500 lx。为确保足够的对比率，要求暗室应足够暗，暗室内白光照度不应超过 20 lx。被检工件表面的黑光照度应不低于 1000 μW/cm²。如采用自显像技术，则应不低于 3000 μW/cm²。检验台上应避免放置荧光物质，因在黑光灯下，荧光物质发光会增加白光的强度，影响检测灵敏度。

(三) 注意事项

检验人员在观察过程中，当发现的显示需要判断其真伪时，可用干净的布或棉球沾一些酒精，擦拭显示部位，如果被擦去的是真实的缺陷显示，则擦拭后，显示能再现，若在擦拭后撒上少许的显像粉末，可放大缺陷显示，提高微小缺陷的重现性；如果擦去后显示不再重现，一般是虚假显示，但一定要重新进行渗透检测操作，确定其真伪。对于特别或仍有怀疑的显示，可用 5～10 倍放大镜进行放大辨认，但不能戴影响观察的有色眼镜。若因操作不当，真伪缺陷实在难以辨认时，应重复全过程进行重新检测。确定为缺陷显示后，还要确定缺陷的性质、长度和位置。

检验后，工件表面上残留的渗透剂和显像剂，都应去除。钢制工件只需用压缩空气吹去显像粉末即可，但对铝、镁、钛合金工件，则应保护好表面，不能腐蚀工件，可在煤油中清洗。检验完毕后，对受检工件应加以标识，要求标识的方式和位置对受检工件没有影响。实际考核时一定记录下缺陷的位置、长度和条数。

七、后清洗和复验

(一) 后清洗的目的

工件检测完毕后，应进行后清洗，以去除对以后使用或许对工件材料有害的残留物。去除这些渗透检测残留物越早越容易去除，影响越小。显像剂层会吸收或容纳促进腐蚀的潮气，可能造成腐蚀，并且影响后续处理工序。对于要求返修的焊接接头，渗透检测残留物会对焊接区域造成危害。

(二) 后清洗操作方法

溶剂悬浮显像剂的去除,可先用湿毛巾擦,然后用干布擦,也可直接用清洁干布或硬毛刷擦,对于螺纹、裂缝或表面凹陷,可用加有洗涤剂的热水喷洗,超声清洗效果更好。碳钢渗透检测清洗时,水中应添加硝酸钠或铬酸钠化合物等防腐剂,清洗后还应用防锈油防锈。

第四章 起重机械的制造检验技术
——以桥架型起重机为例

第一节 金属结构检验技术

一、金属结构设计过程的技术检验

(一) 设计计算书

设计检验书的检验要求分为以下七点：①审核设计计算书中的数据是否准确无误；②检查设计计算书是否有设计、审核和批准等相关人员签字及技术部门盖章；③检查设计计算书所依据标准是否齐全并现行有效；④检查所列举技术参数和性能指标是否符合相应标准和客户合同要求，对于桥门式起重机，起重量、跨度、起升高度/下降深度、工作级别、工作速度、小车轨距、大车基距、构件材质、整机重量、钢丝绳型号等；⑤检查结构的设计计算方法、公式和参数选择是否符合相关标准和设计规范的规定；⑥检查计算书中的物理量指代是否明确、唯一；⑦检查计算结果的单位是否明确、规范，并验证计算结果是否符合标准和设计规范的规定，检查主要受力构件的强度、刚性计算是否有遗漏，检查整机稳定性和局部稳定性是否得到校核，必要时还应包括疲劳强度方面的计算校核。

(二) 安装维护使用说明书

安装维护使用说明书的检验要求是检查安装使用说明书装订是否有缺页遗漏现象，页面应整洁，无手动涂改、字迹模糊等现象，说明书中插入图幅均应与样机实物和设计图样一致；验证说明书中主要技术参数和性能指标是否与设计计算书中一致。检查说明书中的结构描述、操作步骤和安全注意事项是否与样机实际情况相符;检查说明书中是否明确定期维修保养计划并包含了详细的实施规程;检查说明书中是否包括润滑表、电气原理图、易损件明细表及常见故障处理方法等内容。

(三) 设计图样或设备基础图样

设计图样或设备基础图样的检验要求是检查相关图样是否符合制图标准要求,做到图面清晰简明,图幅比例合适,图样表达清晰,合理利用三视图、剖视图和剖面图等表达方式,字体大小适当,图线型式、宽度规范,尺寸标注规范、清晰、完整,零部件序号与明细表对应一致;明细表和标题栏项目完整、内容准确翔实;检查相关图样是否有设计、审核和批准等相关人员签字及技术部门盖章;检查图样是否齐全,至少应包括总图、部件图等;验证相关图样中主要技术参数和性能指标是否与设计计算书和安装使用说明书一致;检查相关图样是否能指导生产,技术要求中依据标准应现行有效,技术要求应合理可行,焊缝标注规范且符合标准和设计要求。

二、金属结构选材与下料的检验技术

(一) 金属结构原材料入库质量检验技术

1.质量证明文件检查

检验要求是入库前应进行质量证明书检查,这是原材料制造厂或供货方对原材料是否验收合格的原始凭证。每批材料均应有供货单位出具的质量保证书,检验人员应首先对其进行审查,质量保证书一般应包括以下内容:材料牌号、规格、供货状态(表面热处理、制造方法、精度等级等)、技术条件代号、特殊技术要求、理化性能测试数据、炉批号、生产日期、交货数量、质检部门印章[①]。

2.实物检查

实物检查的检验要求是外观检验,主要看包装质量和表面缺陷:

---

①董达善.起重机械金属结构[M].上海:上海交通大学出版社,2011.

尺寸检查,实物与图纸要求是否相符;标志,一般在材料端面或表面打牌号、炉号的钢印或漆印;计重物资的验收,计重物资一律按实重计算;金属材料以理论换算计重交货的,按理论换算计重验收,并记录换算依据、尺寸和件数。

3.理化性能测试

理化性能测试的检验要求是取样检验,主要分为以下几点:化学成分分析,作元素定量分析,有化学分析和光谱分析法两种方法;机械性能试验,包括强度、硬度、弹性、韧性和疲劳强度试验;技术性能试验(成型性、可焊性、切削加工性等);金相分析;物理性能试验,包括光泽、颜色、密度、熔点、导电性、磁性、热膨胀性等。

(二)原材料出库后的检验技术

1.钢板的检验

钢板的检验要求是钢板的厚度公差不得大于标准允许的偏差;钢板表面不应有气泡、裂缝、结疤和夹杂,钢板不得有分层;钢板表面允许有轻微的氧化铁锈或压制时留下的细小麻点;钢板四角应方正。

钢板的检验方法是目测及采用测量用具和仪表测量。钢板的测厚方法是直接用游标卡尺测量钢板厚度。用超声波测厚仪测量钢板厚度。

2.型钢的检验

型钢的检验要求是检查规格是否相符、厚度是否均匀、表面是否平整,应无结疤、裂缝、折叠和夹杂。型钢不得有明显的弯曲变形。

型钢的检验方法是目测检查及尺寸测量。

(三)金属结构下料的质量检验

1.火焰切割下料

(1)数控火焰切割

各尺寸及形位公差与图纸相符。零件热切割棱边不应有裂纹,熔渣及氧化皮,其刻痕深度不得大于 0.5 mm,局部刻痕不得大于 2 mm。厚度为 10~20 mm,切割边棱与表面垂直度不得大于 1.5 mm;零件棱边之间的垂度及平行度不得大于相应尺寸的公差的50%。厚度为10~20 mm、板长≥2.5~4 m时,零件尺寸的极限差为±1.5 mm。

（2）手工火焰切割

各尺寸及形位公差与图纸相符。零件热切割棱边不应有裂纹、熔渣及氧化皮,其刻痕深度不得大于0.5 mm,局部刻痕不得大于2 mm;厚度≤10 mm,切割边棱与表面垂直度不得大于1.0 mm;10 mm＜厚度＜30 mm,切割边棱与表面垂直度不得大于2.0 mm。零件边棱之间的垂直度及平行度不得大于相应尺寸的公差之半。厚度≤10 mm、板长＜0.5 m时,零件尺寸的极限偏差为±1.5 mm;10 mm＜厚度＜30 mm,板长0.5 m,零件尺寸的极限偏差为±2.0 mm。

2.剪板下料

检验要求是下料前检测板材的规格、型号、整板对角线是否一致,复核图纸的各部尺寸及所需下料尺寸。下料后检测下料尺寸是否与图纸要求下料尺寸相符,对角线误差不大于2 mm。板材下完后在板上注明材料的规格、型号及所需尺寸。板材应保证平整,无折边、咬边现象,表面无锈蚀、油污。按要求下好的料,应整齐地码放于落料架上,不得置于地面。检验完成后认真填写自检单并将图纸与自检单交予下道工序。

三、金属结构的焊接与螺栓连接的质量检验

（一）焊缝及接头的检验

检验要求是焊缝外观检查不得有目测可见的裂纹、气孔、固体夹杂、未熔合或未焊透等缺陷。

检验方法有以下几种。

第一,外观检验,目测或用5~10倍放大镜检查焊缝表面质量,主要检查焊缝成形、有无咬边、弧坑及表面裂纹等缺陷以及是否圆滑过渡等。用样板检查焊缝尺寸(焊缝余高、宽度等);用直尺或专用量具检查接头对界边缘偏差(错边)、棱角度及产品主要几何尺寸、直线度

等。外观检验前,应将焊缝表面的焊渣和污物清理干净,并同时检查焊缝正面和背面。焊缝的无损检测。这是一种非破坏性检验,主要是针对焊缝及原材料的缺陷。常用的无损检测方法有射线检测、超声波检测、磁粉检测、渗透检测、涡流检测等。

第二,检测接头化学成分的方法有化学分析法和仪器分析法两种。化学分析法需要提取金属样品,采用容量法、重量法、吸光比色法等进行成分检测。仪器分析法主要是光谱分析仪器,利用火花放电或电弧放电把分析试样中的元素原子游离出来并被碰撞、激发,以显示各元素含量。金相检验可用来检验焊缝金属及热影响区的组织、晶粒度以及各种夹杂物、缺陷等。一般可分为宏观金相检验和微观金相检验。力学性能试验包括拉伸试验、弯曲试验、冲击试验、疲劳试验等项目。有的接头需要在腐蚀环境下工作,还需要做耐腐蚀试验。

(二) 金属结构的螺栓连接

检验要求是高强度螺栓连接的设计施工及验收应符合《钢结构高强度螺栓连接技术规程》(JGJ 82—2011)的规定。高强度螺栓连接处构件接触面应按设计要求作相应处理,应保持干燥、整洁,不应有飞边、毛刺、焊接飞溅物、焊疤、氧化铁皮、污垢等,除设计要求外接触面不应涂漆。高强度螺栓应按起重机械安装说明书的要求,用扭矩扳手或专用工具拧紧。连接副的施拧顺序和初拧、复拧扭矩应符合设计要求和《钢结构高强度螺栓连接技术规程》(JGJ 82—2011)的规定。扭矩扳手应定期标定并应有标定记录。高强度螺栓应有拧紧施工记录。

检验方法是使用高强度螺栓时应设法保证各螺栓中的预紧力达到规定数值。常用的拧紧方法有两种:一种是使用力矩扳手,在力矩达到规定值(便发出声响或者自动停机)时停止拧紧;另一种是先用普通扳手拧紧到一定紧的程度,再用冲击式扳手将螺母拧过半圈。

四、金属结构组装的质量检验

(一)桥架的检验

起重机制造完毕在安装前要对起重机金属结构的桥架(主梁的拱度、水平旁弯,起重机安装跨度、桥架对角线、小车轨道高低差、轨距偏差)等进行测量,测量后如有偏差,应事先进行校正修复,然后方可进行安装。

1.桥架起重机桥架的检验

桥架的装配检测条件主要有以下几个方面:桥架的支撑点应尽量接近车轮位置,以端梁上翼缘板的4个基准点(车轮支撑中心顶点)调平,其误差在跨度方向不大于 3 mm、基距方向不大于 2 mm;避免日照的影响。

(1)主梁跨中上拱度的检验

检验要求是静载试验后的主梁。当空载小车在极限位置时,上拱最高点应在跨度中部 $S/10$ 范围内,其值不应小于 $0.7S/1000$。试验后进行目测检查,各受力金属结构件应无裂纹、永久变形,无油漆剥落或对起重机的性能与安全有影响的损坏,各连接处也应无松动或损坏。起重机主梁实有上拱度应在静载试验后检测(使空载小车在极限位置),并避免日照的影响。检验方法为主梁跨中上拱度的检验用拉钢丝法测量。用直径为 0.49~0.52 mm 的细钢丝,以 147 N 拉力拉好,在测得数中因钢丝自重影响的修正值,即为主梁实有上拱度。

此外,检测上拱度还可采用全站仪、水准仪或激光直线仪,水准仪法测量仪器本身精度高,可以做到用一种仪器,同一放置位置测量多项指标。特别是对单梁起重机(在用)不能用其他方法测量,只能用水准仪测量。其缺点是测量时有盲区,受支座振动影响大。

(2)主梁水平弯曲的检验

检验要求为主梁在水平方向产生的弯曲值不应大于 $S_1/2000$;S_1 为两端始于第一块大肋板(或节间)间的实测长度,在离上翼缘板约 100 mm

的大肋板(或竖杆)处测量。对轨道居中的正轨箱形梁及半偏轨箱形梁,当 G_n≤50 t 时只能向走台侧凸曲。

检验方法是检测宜在起重机负载试验之前进行,并避免日照的影响。在主梁腹板上方,离上翼缘板约 100 mm 处,将两等高块分别置于主梁的两端,附紧拉一根直径为 ϕ0.49 ~ ϕ0.52 mm 的钢丝平行于上翼缘板,从主梁端部第一块大隔板起,在每块大隔板处用钢尺测量腹板与钢丝间距并记录。每个间距与等高块之差即为主梁水平方向弯曲值,负值表明主梁向走台侧凸曲,正值表明主梁向走台侧凹曲,弯曲最大绝对值与主梁两端第一块大隔板距离之比即为主梁水平方向弯曲度。

(3)主梁腹板局部翘曲(通用桥、门式起重机)

检验要求是以 1 m 平尺检测,离上翼缘板 H/3 以内不应大于 0.7 t,其余区域不应大于 1.2 t。

(4)桁架梁杆件的直线度(通用桥、门式起重机)

检验要求是桁架梁杆件的直线度 ΔL≤0.0015a。

检验方法是测量方向和位置可任意选择,其量具内侧与腹板间隙的最大值即为主梁腹板局部翘曲数值,测量长度为 1 m。

2.起重机跨度公差的测量

第一,检验的顺序和方法。测量部位测量起重机跨度时,应采用规定的拉力值和修正值。测量时钢卷尺和起重机温度应一致,钢卷尺不得摆动并自然下垂。测量所得钢卷尺上的读数加上修正值,再加上钢卷尺的计量修正量(正或负,必须经相关计量资质部门检定合格,并在有效期内),即为起重机的实际跨度。

第二,检验注意事项。用这种方法测量时,应注意两个影响测量精度的因素,一是测点位置的影响;二是卷尺变形的影响。测点位置的影响。因受车轮组装的影响,测点位置要选择适当。由于车轮安装时存在垂直偏斜和水平偏斜误差的影响,就可能造成一定的测量误差,车轮直径越大,误差越大。在 1/2 水平直径处测量,误差范围相对小些。卷尺变形的影响。用卷尺测量时,由于卷尺呈悬空状态,在自身重力作用下,呈二次抛物线形状。

为了实际测量,必须在卷尺两端施加拉力,对于弹性材料,在拉力作用下必然会伸长,这就使得测量时卷尺刻度外移,即读出来的数值比实际跨度小。这个减小的增量用 ΔL_1 表示,可用胡克定律计算:

$$\Delta L_1 = \frac{BS}{EF}(\text{cm})$$

式中:P——弹簧秤的实际拉力,单位为 N;S——起重机设计跨度,单位为 cm;E——钢弹性模量,取 2.06×10^7 N/cm^2;F——钢卷尺截面积,单位为 cm^2。

卷尺在自身重力作用下,又产生一个按二次抛物线规律分布的悬垂变形,使卷尺上的刻度往里移了,即卷尺上的读数比跨度的实际值大,其增量(重力影响的修正值)为:

$$\Delta L_2 = \frac{q^2 S^3}{24 P^2}(\text{cm})$$

式中:q——单位长度卷尺的重量,单位为 N/cm;S——起重机设计跨度,单位为 cm;P——弹簧秤的实际拉力,单位为 N。

综合这两方面的影响,卷尺的修正值为:$\Delta L = \Delta L_1 - \Delta L_2$,所测量起重机的跨度为:$L = l + \Delta l$。式中:$L_4$——起重机实测跨度,单位为 cm;$l$——卷尺读数,单位为 cm;$\Delta l$——卷尺修正值,单位为 cm。

3.小车轨距偏差的检验(适用于桥、门式起重机)

小车轨距偏差的检验要求是偏轨箱形梁、单胶板梁及桁架梁等其他梁。

小车轨距偏差的检验方法是使钢尺(或有依托钢卷尺)与轨距中心线呈90°,至少分别测量轨道的两端和跨中三点,这三点的轨距实测值与公称值之差,不应大于小车轨距公差。

4.小车轨道上任一点处相对应的两轨道测点间高度差的检验

检验标准是小车轨道上任一点处,在与之垂直的方向上,相对应的两轨道测点间的高度差 E 值应符合下列要求:轨距 $s \leqslant 2$ m 时,$E = 4.2$ mm;

轨距 $s > 2$ m 时，$E = 2.0$ mm。

检验方法是记录调整塞尺使水平仪达到水平状态时的厚度值，就是其高度差 E 值。

5.小车轨道直线度的检验（适用于桥、门式起重机）

检验要求是连接后的钢轨顶部在水平面内的直线度 b，在任意 2 m 测量范围内不应大于 1 mm。

检验方法是将两等高支架分别置于轨道的两端（轨距外侧），拉紧一根直径为 0.49～0.52 mm 的钢丝，然后用钢尺测量钢丝与轨道头侧面间的距离，测点间距不应大于 2 m，测至轨道全长。取钢丝与轨道头侧面间距的最大值与等高支架之差，即是该钢轨头部的水平直线度。

6.小车轨道中心相对于腹板中心偏差的检验

检验要求是小车轨道上任一点处，轨道中心相对于梁腹板中心的位置偏移量 $K \leqslant 0.5t_{min}$。

检验方法为记录用钢直尺测量轨道底部尺寸得出的数值除以 2 为 a 值，轨道梁主腹板厚度值除以 2 为 a_1 值，用钢尺分别测量 x 和 x_1 值，则 $K = (a+x) - (a_1+x_1)$ 为实测值。

7.小车轨道钢轨的接头技术检验

检验要求是接头处钢轨顶部的垂直错位值 $H \leqslant 1$ mm、水平错位值 $H \leqslant 1$ mm，应将错位处以 1:50 的斜度磨平，钢轨接头构造公差。

检验方法是轨道接头处可采用钢板尺等量具测量。

（二）门式起重机桥架的检验

1.主梁跨中上拱度和悬臂上翘度的检验

检验要求是主梁应有上拱度，悬臂应有上翘，并应满足要求。静载试验后的主梁和悬臂，当空载小车处于支腿支点位置（无悬臂时在极限位置）时，悬臂端的上翘度不应小于 0.7L/350。试验后进行目测检查，各受力金属结构件应无裂纹、永久变形，无油漆剥落或对起重机的性能与安全有影响的损坏，各连接处也应无松动或损坏。起重机主梁实有上拱度、悬臂上翘度应在静载试验后检测（使空载小车在支腿支点处，无悬臂时在极限位置）。

2. 起重机跨度公差

检验要求为起重机跨度 S 的构造公差 A，应符合如下规定：$S \leqslant 26$ m 时，$A=\pm 8$ mm，且两侧跨度 S_1 和 S_2 的相对差 $AF \leqslant 8$ mm；$S > 26$ m 时，$A=\pm 10$ mm，且两侧跨度 S_1 和 S_2 的相对差 $AF \leqslant 10$ mm。

检查的顺序和方法如下：在测量部位测量起重机跨度时，应采用规定的拉力值和修正值。测量时钢卷尺和起重机温度应一致，钢卷尺不得摆动并自然下垂。测量所得钢卷尺上的读数加上钢卷尺的计量修正量（正或负，必须经相关计量资质部门检定合格，并在有效期内），即为起重机的实际跨度。

3. 主梁上翼缘板水平偏斜的检验

检验要求是箱形主梁上翼缘板水平偏斜值 $C \leqslant B/200$，此值应在大肋板或节点处测量。

检验方法是以垂直反滚轮式单主梁门式起重机为例介绍其主梁上盖板水平偏斜的检验方法，其余类型的箱形主梁的检验方法类同。将主梁按规定要求摆放好（与检验主梁跨中上拱度的规定类同），将水准仪放到适当位置，将座尺分别置于筋板与腹板交接处上盖板上，以避开轨道压板为宜。用水准仪测得同一截面两点标高 h_1、h_2，用卷尺测得座尺置放间距 B，则上盖板水平偏斜值为 $b=h_1-h_2$ 的绝对值。

4. 箱形梁腹板垂直偏斜的检验（适用于桥、门式起重机）

检验要求是箱形梁腹板垂直偏斜值 $h \leqslant H/200$，此值应于大肋板或节点处测量。

检验方法以垂直反滚轮式单主梁门式起重机为例。用线坠、钢尺和卷尺进行检测。首先将主梁摆放好（同前），在上盖板边吊下线坠，在距上下盖板 30~50 mm 处用卷尺测出两测量点间距离，用钢尺测出腹板与线坠之间的距离 a_1、a_2，则腹板垂直偏斜值为 $h=a_1-a_2$ 的绝对值。

5.门架对角线差的检验

检验要求为对于双梁门式起重机门架,有 L_1-L_2 的绝对值≤5 mm。

检验方法为对双梁门式起重机的门架对角线差的检验参照桥架型起重机桥架对角线差的检验,并且允许在未组装支腿前测量,所测数据为 L_1、L_2。

(三) 起重机司机室的检验

1.司机室

检验要求有以下几个方面。

第一,当存在坠落物砸碰司机室的危险时,司机室顶部应装设有效的防护。

第二,在室外或在没有暖气的室内操作的起重机(除气候条件较好外),宜采用封闭式司机室。

第三,在高温、蒸汽、有尘、有毒或有害气体等环境下工作的起重机,应采用能提供清洁空气的密封性能良好的封闭司机室。

第四,在有暖气的室内工作的起重机司机室或仅做辅助性质工作较少使用的起重机司机室,可以是敞开式的,敞开式司机室应设高度不小于 1 m 的护栏。

第五,除极端恶劣的气候条件外,在工作期间司机室内的工作温度宜保持在 15 ~ 30 ℃。长期在高温环境工作的(如某些冶金起重机)司机室内应设降温装置,底板下方应设置隔热板。

第六,司机室应有安全出入口;当司机室装有门时,应防止其在起重机工作时意外打开;司机室的拉门和外开门应通向同一高度的水平平台;司机室外无平台时,一般情况下门应向里开。

第七,司机室的窗离地板高度不到 1 m 时,玻璃窗应做成不可打开的或加以防护,防护高度不应低于 1 m;玻璃窗应采用钢化玻璃或相当的材料。司机室地板上装有玻璃的部位也应加以防护。司机室底窗和天窗安装防护栏时,防护栏应尽可能不阻挡视线。

第八,司机室地板应用防滑的非金属隔热材料覆盖。

第九,司机室工作面上的照度不应低于 30 lx。

第十,重要的操作指示器应有醒目的显示,并安装在司机方便观察的位置。指示器和报警灯及急停开关按钮应有清晰永久的易识别标志。指示器应有合适的量程并应便于读数。报警灯应具有适宜的颜色,危险显示应用红灯。

2.噪声

检验要求是起重机工作时产生的噪声,在无其他外声干扰的情况下,在司机操作位置处测量(闭式司机室关窗),噪声不应大于 85 dB(A)。

检验方法为在跨中起吊额定载荷,同时开动起重机运行机构和起升机构,但不得同时开动两个起升机构。在操作座椅处用声级计档读数测噪声,测试时脉冲声峰值除外。总噪声与背景噪声之差应大于 3 dB(A),总噪声值减去表 4-1(背景噪声修正值)所列的修正值即为实际噪声,然后取三次的平均值。

表4-1　背景噪声修正值

总噪声与背景噪声之差值/dB(A)	3	4	5	6	7	8	9	10	>10
修正值/dB(A)	3	2	2	1	1	1	0.5	0.5	0

(四) 通道、平台、梯子、栏杆的检验

1.通道、平台

检验要求有以下几个方面。

第一,起重机上所有操作部位以及要求经常检查和保养的部位(包括臂架顶端的滑轮和运动部分)。

第二,凡离地面距离超过 2 m 的,都应通过斜梯(或楼梯)、平台、通道或直梯到达,梯级的两边应装设护栏。不论起重机在什么位置,通道、斜梯(或楼梯)、平台都应有安全入口。

第三,起重机处在正常工作状态下的任何位置时,人员应能方便安全地进出司机室。

第四,如果起重机在任何位置,人员不能直接从地面进入司机室,司机室地板离地面的高度不超过 5 m,司机室内配备有合适的紧急逃逸装置时,则司机室进出口可以限制在某些规定的位置;如果起重机在任何位置,人员都不能直接从地面进入司机室,司机室的地板离地面的高度超过 5 m,起重机应设置到达司机室的通道;对于桥架起重机等,如能提供适当的装置使人员方便安全地离开司机室,则司机室进出口可以限制在某些规定的位置。

第五,一般情况下应通过斜梯或通道,从同司机室地板一样高且备有栏杆的平台直接进入司机室。平台与司机室入口的水平间隙不应超过 0.15 m,与司机室地板的高低差不应超过 0.25 m。只有在空间受到限制时,才允许通过司机室顶部或地板进入司机室。

第六,斜梯、通道和平台的净空高度不应低于 1.8 m。运动部分附近的通道和平台的净宽度不应小于 0.5 m;如果设有扶手或栏杆,在高度不超过 0.6 m 的范围内,通道的净宽度可减至 0.4 m。

第七,起重机结构件内部很少使用的进出通道,其最小净空高度可为 1.3 m,但此时通道净宽度应增加到 0.7 m。只用于保养的平台,其上面的净空高度可以减到 1.3 m。

第八,工作人员可能停留的每一个表面都应当保证不发生永久变形;2000 N 的力通过直径为 125 mm 圆盘施加在平台表面的任何位置。

第九,任何通道基面上的孔隙,包括人员可能停留区域之上的走道、驻脚台或平台底面上的狭缝或空隙,都应满足如下要求:不允许直径为 20 mm 的球体通过。当长度等于或大于 200 mm 时,其最大宽度为 12 mm。通道离下方裸露动力线的高度小于 0.5 m 时,应在这些区域采用实体式地板;当通道靠近动力线时,应对这些动力线加以保护。

2.梯子的质量检验

检验要求是凡高度差超过 0.5 m 的通行路径应做成斜梯或直梯;高度不超过 2 m 的垂直面上(例如桥架主梁的走台与端梁之间),可以设踏脚板,踏脚板两侧应设有扶手。

(五) 起重机金属结构涂装质量检验

1.涂装

检验要求是涂装前的钢材表面处理。主梁、端梁、支腿、平衡梁等重要结构件应进行喷(抛)丸的除锈处理。涂漆质量是起重机面漆应均匀,细致、光亮、完整和色泽一致,不得有粗糙不平、漏漆、错漆、皱纹、针孔及严重流挂等缺陷。根据起重机工作环境需要,可以供需双方另行约定。

检验方法是使用漆膜厚度仪在主梁、端梁上每 $10\ m^2$(不足 $10\ m^2$ 的按 $10\ m^2$ 计)作为一处,每处测 $3 \sim 5$ 点,每处所测各点厚度的平均值不低于总厚度的90%,也不高于总厚度的120%,测得的最小值不低于总厚度的70%。

2.漆膜附着力的检测

检验要求是漆膜附着力应符合《色漆和清漆漆膜的划格试验》(GB/T 9286—1998)中规定的一级质量要求。

检验方法为按规定的刀具,用划格方法,在主梁取6处,在端梁取4处进行测试。划格时刀具与被测面垂直,用力均匀,划格后用软毛刷沿对角线方向轻轻地顺、逆各刷3次,再检查漆层剥落面积,切口交叉处涂层允许有少许薄片脱落,其剥落面积不应大于5%。

第二节 机械传动系统检验技术

一、起升机构检验技术

(一) 技术要求

起升机构应满足下列要求按照规定的使用方式应能够稳定的起

升和下降额定载荷。吊运熔融金属及其他危险物品的起升机构,每套独立驱动装置应装有两个支持制动器;在安全性要求特别高的起升机构中,应另外装设安全制动器。起升机构应采取必要的措施避免起升过程中钢丝绳缠绕。制动器应是常闭式的。应安装起重量限制器。

对于双小车或多小车的起重机,各单小车均应装有起重量限制器,起重量限制器限制值为各单小车的额定起重量,当单个小车起吊重量超过规定的限制值时应能自动切断起升动力源。联合起吊作业时,如果抬吊重量超过规定的抬吊限制值及各小车的起重量超过规定的限制值,起重量限制器应能自动切断各小车的起升动力源。

双小车或多小车联合作业的起重机进行起吊作业时,吊点数一般不应超过三个。应设起升高度限位装置。当装置上升到设定的极限位置时,应能自动切断上升方向电源,此时钢丝绳在卷筒上应留有一圈空槽;当需要限定下极限位置时,应设下降深度限位装置,除能自动切断下降方向电源外,钢丝绳在卷筒上的缠绕,除不计固定钢丝绳的圈数外,至少还应保留两圈取物装置(如起重电磁铁、可卸抓斗等)供电电缆的收放,应保证电缆的受力合理,且在升降过程中电缆不应与起重钢丝绳发生接触、摩擦。

(二)质量检验

1.电动机轴与减速器输入轴相连接的同轴度

检验要求是提升机电机和减速机输入轴的同轴度也需要进行多次调整的,在检测同轴度的时候,电机底座平面标高要比规定的尺寸小1 mm到1.5 mm[1]。

检验方法是电动机轴与减速器输入轴相连接的同轴度可按下述方法检查:卸去联轴器里的弹性圈和柱销,在一个半联轴器上套装千分表支座,千分表的传感针指向另一个半联轴器。转动前一个半联轴器的外圆移动。电动机轴与减速器轴相连接的轴心线平行度可通过

---

①刘爱国,雷庆秋,尹献德,等. 桥架型起重机质量检验[M]. 郑州:河南科学技术出版社,2017.

两个相对的半联轴器之间的断面间隙大小加以电动机轴与减速器轴相连判断(用厚薄规检查),接同轴度检测方式。

2.减速器输出轴与卷筒同轴度

检验要求是减速器输出轴转动180°,测点半径≤300 mm时偏斜为不大于0.5 mm。

检验方法为:检查和校正相连接的轴是否同心,就是拆开卷筒与减速器输出轴之间的联轴器,在减速器输出轴上套装千分表支座和杆。千分表的传感针顶着卷筒端板,用手慢慢转动减速器输入轴使减速器输出轴转动180°,再通过千分表指示值看出轴的偏斜程度。用此方法校验卷筒轴和减速器低速轴的同轴度时,应仔细固定各部件,防止发生轴向移动。

3.机构速度的检测

检验要求为对吊钩起重机,当起升机构的工作级别高于M4,且额定起升速度等于或高于5 m/min时要求制动平稳,应采用电气制动方法,保证在$(0.2 \sim 1.0)G_n$范围内下降时,制动前的电动机转速降至同步转速的1/3以下,该速度应能稳定运行。

检验方法为各起升机构的升、降速度和各运行机构的运行速度均可用下述方法中的一种进行检测。

方法一(仲裁):设置两个已记录距离的开关,当触杆离开第一开关即触动开始计时,触杆触到第二开关时则计时终了,并用该记录的距离除以记录的时间间隔,即得出所测速度。

方法二:在规定的稳定运行状态下,记录仪表所测得电动机或卷筒的相应转速,再进行速度和调速比的换算。

4.起升机构下降制动距离的检测

检验要求是对吊钩起重机,起吊物品在下降制动时的制动距离(机构控制器处在下降速度的最低档稳定运行,拉回零位后,从制动器断电至重物停止时的下滑距离)不应大于1 min内稳定起升距离的1/65。

检验方法有以下两种。

方法一：在机构高速级轴线的一个传动件（如轴或联轴器）上，对圆周做不少于12等分的标记（越明显越好），将光电计数器与机构控制系统连锁，断电瞬时开始计数。计数器的测头对准等分标记，在起升机构以慢速档稳定下降制动停止后，用所测的计数进行换算。

方法二：采用直径为1 mm钢丝绳，一端系一小砣，另一端与固定的微动（触点常闭）相连，常闭触点接在用接触器控制的下降回路中，砣的质量应足以使开关动作，切断下降电路，测量时小砣放在载荷（砝码）上，当额定载荷以慢速档下降到某一位置时，小砣与载荷分离，此时下降电路立即被切断，载荷随即开始下降制动，到载荷停住后，所测得小砣与载荷之间的垂直距离，即为下降制动距离，连测3次，取其平均值。

5.起升高度与吊具极限位置

检验要求是起重机的起升高度不应小于名义值的97%。

检验方法用卷尺测量。

二、运行机构的检验技术

起重机的运行机构作用是配合起升机构完成重物空间移动的主要机构之一，能使整机或起重小车作水平运动，以实现货物的水平运移或调整工作位置。起重机运行机构分为大、小车运行机构，其主要零部件包括电动机、联轴器、制动器、传动轴、减速器（或三合一减速器）等。

（一）安全技术要求

运行机构应满足下列要求：按照规定的使用方式应能够使整机和小车平稳地启动和停止。露天工作的轨道运行式起重机应设有可靠的防风装置。地面有线控制的起重机，大小车运行机构运行速度不应大于50 m/min。保证在车轮、车轮轴承发生破裂或车轮轴发生断裂的情况下，小车架和桥架跌落距离不超过0.025 m。有防爆要求的起重机运行机构和小车运行机构，在启动和制动过程中应平稳，应能避免车轮打滑及产生目视可见的火花。车轮和轨道接触面应保持不锈蚀，接触良好,避免因腐蚀而产生火花。

(二) 运行机构的装配检验技术

1.核对机电件的规格型号

第一,按图样规定核对小车铭牌。

第二,电动机型号、绝缘等级、转速。

第三,制动器型号和液压推动器推力。

第四,减速器型号和传动比。

第五,车轮、电器件规格、型号等。

2.零部件组装前的检测

第一,装配前轴孔的表面要清洁干净并倒棱。

第二,测轴孔的配合尺寸是否符合标准。

按表4-2要求测量减速器轴的径向跳动。

表4-2 减速器轴的径向跳动允差

被测轴径/ mm	18～90	90～130	130～250
允许最大径跳值/μm	35	40	45

检验要求在车轮处的端梁上面,拉一根尼龙线为基准线,使其位于传动轴中心上方并使两端线到联轴器外径的距离相等,再按拱度要求测量各联轴器到基准线的距离。尼龙线要拉紧,测到中间时要考虑尼龙线下挠值。可以利用减速器、轴承座下边的垫板来调整各点尺寸。

3.分别驱动机构的装配检验技术

检验要求如下。

第一,分别驱动以调整好的车轮中心为基准,安装并调整减速器,再用传动轴和减速器主动轴连接起来。连接找正时要保证联轴器上的窜动量和控制齿轮联轴器的极限歪斜量。

第二,检查窜动量时,对双齿联轴器可用手推动联轴器方法测得内齿圈(即齿套)在外齿上的滑动量。单齿联轴器因有中间轴,测量轴的窜动量即可。

— 103 —

第三,对于偏斜的检查,最有效的方法是把联轴器端部的弹簧胀圈、挡圈、密封胶圈等拆下,将内外齿端面对齐,如果内外齿端面沿全周都在同一平面内,即无偏斜。如果上下是齐的,左右一出一进,则说明有偏歪,须调正。根据桥架拱度要求,允许减速器主动轴处的内外齿有下齐上进、电动机处上齐下进的情况存在,但进入量应小于0.5 mm,调整好后,再把弹簧胀圈等装上。

第四,车轮与减速器被动轴之间的联轴器,不能用上述方法检查。因空间太小。这里要先把螺栓拆下,把内齿圈拨开,用尺子测两轴头(车轮轴与减速器被动轴)之间的间隙,上下左右应相等。用尺放在外齿圈的轮毂上,如果两轮毂的上边和侧面在同在平面内即可。装配完毕后,检查各部件连接状态是否完好,并松开制动器,用手转动减速器的主动轴,使车轮转动一周,应没有任何卡阻现象。

(三) 装配检验

检验要求是车轮安装后,应保证基准端面上的跳动不应超过表4-3规定值。

表4-3 基准端面上的跳动允差

车轮直径/ mm	≤250	>250~500	>500~800	>800~900	>900~1000
端面跳动/μm	100	120	150	200	250

检验方法是将车轮夹持在车床上,用手转动车轮用千分表测量。

第三节 电气部分的检验技术

一、起重机电动机的检验技术

(一) 电动机的选用

检验要求是优先选用符合标准的电动机。视需要也可选用符合标准的变频电动机或符合标准的多速电动机。

检验方法是目测及查验电气图纸。

(二) 外购电动机的入厂检验技术

检验要求分为以下几点：①根据报验单，检查产品铭牌上的型号、规格、安装方式、出轴型式，应符合订货合同与技术文件要求；②电动机应有合格证；③检查电动机的外表应无裂纹、变形、损伤、受潮、发霉、锈蚀等缺陷；④电机附带的风扇不应有损伤、变形、锈蚀等现象；用手转动转子应灵活、无杂声；⑤检查电动机所有紧固螺栓，应无松动现象，出线端界限完好，出线盒应无损坏；⑥用兆欧表检查电机绕组之间、绕组与机壳之间绝缘电阻，阻值必须符合要求；⑦视情况需要，对部分入厂电动机进行空载通电检查。

检验方法是目测、查验图纸、手动试验及仪表测量。

(三) 电动机的保护

检验要求是电动机应具有如下一种或一种以上的保护功能，具体选用应按电动机及其控制方式确定：瞬动或反时限动作的过电流保护，其瞬时动作电流整定值应约为电动机最大启动电流的 1.25 倍；在电动机内设置热传感组件；热过载保护。

检验方法是目测检查电动机过载保护装置是否与技术文件相符，电动机过载保护装置是否完好。

(四) 电动机定子异常失电保护

检验要求为起升机构电动机应设置定子异常失电保护功能，当调速装置或正反向接触器故障导致电动机失控时，制动器应立即上闸[①]。

检验方法是通过查阅电气控制回路原理图，查看电动机与制动器是否设置了电动机异常失电故障保护。可做动作试验，将电动机断电，则制动器必须断电并上闸。

---

① 李勤超. 门式与桥式起重机电气保护系统的检验技术 [J]. 中国设备工程，2019 (03)：100-101.

二、起重机操作电气的质量检验

(一) 低压断路器

检验要求是总电源回路应设置总断路器,总断路器的控制应具有电磁脱扣功能,其额定电流应大于起重机额定工作电流;电磁脱扣电流整定值应大于起重机最大工作电流;总断路器的断弧能力应能断开在起重机上发生的短路电流。

检验方法是目测检查及动作试验。

(二) 控制器

1.凸轮控制器

检验要求如下:①按使用说明书中的规定数据检查触头参数,并转动凸轮控制器的手轮(或手柄),检查其运动系统是否灵活,触头分合顺序是否与接线图相符,有无缺件等。②凸轮控制器安装时可根据控制室的情况,牢靠地固定在墙壁或支架上,引入导线经凸轮控制器下基座的出线孔穿入。机壳上有专用的接地螺钉,其手轮通过凸轮环接地。③按接线图把凸轮控制器与电动机、电阻器和保护屏上的电器进行连接,然后使金属部分均可靠接地。所有的螺栓连接处须紧固,特别要注意触头和连接导线部分不要因螺钉松动而产生过热。④凸轮控制器安装结束后,应进行空载试验,启动时若凸轮控制器转到第2档位置后,仍未使电动机启动,则应停止启动,检查线路。

检验方法是目测检查及手动调整,应做到以下几点:①操作手柄应动作灵活,档位明确。②动、静触点之间的压力要调整适宜,确保接触良好。通常采用将纸条放在动静触头之间来进行试验,若纸条容易拉出,说明弹簧压力过小;若纸条不能被拉出或被拉断,说明弹簧压力过大;若纸条在稍用力的情况下被拉出或有撕裂现象,说明弹簧压力适宜。③动静触头表面要保持光洁,动静触头的相互接触位置必须正确,必须在触点全长内保持紧密接触,触头的线接触和面接触不应小于触点宽度的3/4。④连接动静触头的连接线应用螺栓紧固,因为螺栓松动会直接影响到所控制电动机和凸轮控制器触头的工作性能。

2.主令控制器的检验技术

检验要求如下：①按使用说明书中的规定数据检查触头参数，并转动控制器的手柄，检查其运动系统是否灵活，触头分合顺序是否与接线图相符，有无缺件等。检查定位机构不能出现卡死现象；②动静触头压力应符合技术要求；③触头接触必须准确；④控制器的所有接线螺钉必须拧其他各项，与凸轮控制器安装要求相同。

3.控制与操作系统技术检验

检验要求分为以下几点。

第一，控制与操作系统的设计和布置应能避免发生误操作的可能性，保证在正常使用中起重机械能安全可靠地运转。

第二，应按人类工效学有关的功能要求设计和布置所有控制手柄、手轮、按钮和踏板，并保证有足够的操作空间，最大限度地减轻司机的疲劳，将发生意外时对人员造成的伤害和引起财产损失的可能性降至最小。

第三，控制与操作系统的布置应使司机对起重机械工作区域及所要完成的操作有足够的视野。

第四，应将操作杆（踏板或按钮等）布置在司机手或脚能方便操作的位置。操纵装置的运动方向应设置的适合人的肢体的自然运动。控制与操作装置应用文字或代码清晰地标明其功能（如用途、机构的运动方向等）。

第五，用来操纵起重机械控制装置所需的力应与使用此控制装置的使用频度有关，应随机型变化并按人类工效学来考虑。

第六，对于采用多个操作控制站控制上台起重机械的同一机构（如司机室操纵和地面操纵），应具有互锁功能，在任何给定时间内只允许一个操作控制站工作。应装有显示操作控制站工作状态的装置。每个操作控制站均应设置紧急停止开关。

第七,采用无线遥控的起重机械,起重机械上应设有明显的遥控工作指示灯。

第八,采用无线控制系统(如无线电、红外线)应符合下列要求:应采取措施(如钥匙操作开关、访问码)防止擅自使用操作控制站;每个操作控制站应带有一个预定由其控制的一台或数台起重机械的明确标记;操作控制站应设置一个启动起重机械上的紧急停止功能的开关;无线控制系统对停止信号的响应时间应不超过550 ms;当检测不到高频载波或收不到数据信号时,应实现被动急停功能,应在1.5 s之内切断通道电源;当通道的突发噪声干扰超过1 s或在1 s检测不到正确的地址码等,应切断通道电源;对板坯搬运起重机,应采取防止夹钳打开误操作导致板坯坠落的措施。

第九,控制器应符合以下要求:操作手柄的动作方向宜与机构动作的方向一致;操纵手柄应设有防止因意外碰撞而使电路接通的保护装置;吊运熔融金属或炽热物品的起重机应当采用司机室、遥控或非跟随式等远离热源的操作方式,并且保证操作人员的操作视野;采用遥控或非跟随式操作方式的起重机应设置操作人员安全通道。

(三) 交流接触器

1.动力电源接触器

检验要求是起重机总动力电源回路应设总动力电源接触器,能够分断所有机构的动力线路;起重机上所设总断路器能远程分断所有机构的动力回路时,可不设总动力电源接触器;换向接触器和其他同时闭合会引起短路事故的接触器之间,对于以电动葫芦为起升机构的起重机,应设置电气联锁,对于其他起重机应设置电气联锁和机械联锁。

检验方法是目测检查及查验电气图纸是否符合以上规定。

2.交流接触器

检验要求是交流接触器触头压力的调整;触头的初始压力和最终压力都须符合设计数据,而且必须经常性检查和进行必要的调整;接触器必须垂直安装,与垂直面的倾斜度不得超过5°;接触器安装完毕后,应先用手推动其动铁芯若干次,检查有无其他杂物卡绊;接触器接通电源后,如发现其电磁系统出现超出硅钢片所特有的噪声时,应检查电磁铁的吸合是否正常,直到消除为止。

检验方法是目测及动作试验。

(四) 继电器

1.过电流继电器

检验要求是安装前检查额定电流及整定电流是否与实际使用要求相符;过电流继电器的整定值一般为电动机额定电流的1.7～2倍,频繁启动场合可取2.25～2.5倍;检查连接导线是否匹配,并检验螺钉是否旋紧。

2.热继电器

热继电器是利用电流的热效应来推动动作机构使触点闭合或断开的保护电器。主要用于电动机的过载保护、断相保护及其他电气设备发热状态的控制。

3.时间继电器

时间继电器在电路中起控制动作时间的作用,是一种利用电磁原理或机械动作原理来延迟触头闭合或断开的自动控制电器。

检验方法是目测检查及用万用表测量。继电器线圈是否有短路或断路。继电器的常开与常闭触点是否完好。必要时接通电源试验。

(五) 电阻器

1.电阻器选择

检验要求是选择电阻器时应注意:接电持续率不同的电动机,宜选用不同参数的起重机标准电阻器,如特殊需要,也可由起重机制造商自行设计,但应符合要求。起升机构不应选用频敏变阻器。

检验方法是目测检查及查验电气图纸是否符合以上规定。

2.电阻器

检验要求是四箱及四箱以下的电阻器可以直接叠装,五箱及六箱叠装时,应考虑加固措施并要求各箱之间的间距不应小于 80 mm,间距过小时应降低容量使用或采取其他相应措施。电阻器应加防护罩,并注意散热需要的空间。

检验方法是目测检查及仪表测量。

(六) 熔断器

检验要求是应正确选用熔体和熔断器。有分支电路时,分支电路的熔体额定电流应比前一级小 2~3 级;对不同性质的负载,应尽量分别保护,装设单独的熔断器。安装螺旋式熔断器时,必须注意将电源线接到瓷底座的下接线端,以保证安全。瓷插式熔断器安装熔丝时,熔丝应顺着螺钉旋紧方向绕过去,同时应注意不要划伤熔丝,也不要把熔丝绷得过紧,以免减小熔丝截面尺寸或压断熔丝。

检验方法是目测检查。

(七) 变压器

检验要求是外观不应有锈蚀、痕迹或其他机械性损伤,线圈、铁芯及配件应装配牢固。

检验方法是目测检查外观是否良好,安装及线路的连接是否与电气图纸相符。

(八) 控制柜 (屏)

检验要求是开关装置、配电装置和装有电气设备的控制屏(柜)可按如下方法加以封闭:①在专门的密闭空间内;②重机主梁结构内;③室外型起重机控制柜(屏)应采用防护式结构;④设备的金属外壳,需焊有保护接地螺钉(或螺母),并在明显处标志保护接地符号;⑤若门上有电气组件,应装设专用的接地线,门应可锁住。

检验方法是目测检查并用卷尺测量。

(九) 电气设备

1.电气设备

检验要求是起重机的电气设备必须保证传动性能或控制性能准

确可靠;有防爆要求起重机的电气设备和组件的选用应当符合相应防爆级别的要求,如果选用电气组件是非防爆的,应加防爆外壳或者采取防爆措施以满足相应防爆级别的要求;对强磁场、粉尘、腐蚀性环境的起重机,电气控制装置应采取相应的措施。用于有防爆要求起重机的电气设备,其性能应满足相应的防爆类别和最高表面温度的要求。

检验方法是目测检查并核对安装的电气设备是否符合电气图纸。

2.电气设备的选用

检验要求是采用交流传动控制系统,在有特殊要求或仅有直流电源情况下,可采用直流传动控制系统。除辅助机构外,应采用符合规定的电动机,必要时也可采用符合起重机要求的其他类型电动机。起重机进线处应设隔离开关或熔断器箱。当采用按钮盒控制时,控制电压不应大于50 V。对电磁起重机,起重电磁铁的电源在交流侧的接线,应保证在起重机内部各种事故断电(起重机集电器不断电)时,起重电磁铁供电不切断,即吸持物不脱落。如果用户要求对起重电磁铁设置备用电源(如蓄电池)时,备用电源支持时间不宜小于20 min,应同时提供自动充电装置及其电压的指示器,并应有灯光和声响警告装置示警。该电源可接入起升制动器回路,或起升制动器应具有手动释放功能。当选用可编过程控制器时,对用于安全保护的联锁信号,如极限限位、超速等,应具有直接的继电保护联锁线路。

检验方法是结合电气图纸进行目测检查,必要时做动作试验。

3.电气设备的安装

检验要求是电气设备应安装牢固,在主机工作过程中,不应发生目测可见的相对于主机的水平移动和垂直跳动。桥架型起重机或小车运行时,馈电装置中裸露带电部分与金属构件之间的最小距离应大于30 mm,起重机运行时可能产生相对晃动时,其间距应大于最大晃动量加30 mm。

检验方法是目测检查、尺子测量及查验电气图纸。

三、起重机电气线路的技术检验

(一) 照明

检验要求为起重机应有正常照明及可携带式低压照明。每台起重机的照明回路的进线侧应从起重机械电源侧单独供电,当切断起重机械总电源开关时,工作照明不应断电。各种工作照明均应设短路保护。起重机司机室内和电气室内的工作面平均照度不低于 30 lx。必要时可补充桥下作业面用照明,桥下照明应考虑三个方向的防震措施:其灯具的安装应能方便地检修和更换灯泡;固定式照明的电压不应超过 220 V,严禁用金属结构做照明线路的回路;便携式照明的电压不应超过 36 V,交流供电时,应使用隔离变压器。起重机上至少应具有 2 只供插接可携带式照明用的插座。照明讯号应设专用电路,电路应从主断路器(或主刀开关)进线端分接。当主断路器(或主刀开关)断开时,照明讯号电路不应断电,照明讯号电路及其各分支电路均应设置短路保护。

检验方法是参照图纸目测检查,必要时仪表测量。

1.照明安全电压

检验要求是检查起重机械的司机室、通道、电气室、机房等,其可移动式照明是否是安全电压,必要时进行测量。检查是否按规定禁用金属结构做照明线路的回路。

2.信号的检验

检验要求是起重机应有指示总电源分合状况的信号,必要时还应设置故障信号或报警信号;信号指示应设置在司机或有关人员视力、听力可及的地点;当室外起重机总高度大于 30 m 时,且周围无高于起重机械顶尖的建筑物和其他设施,两台起重机械之间有可能相碰,或起重机械及其结构妨碍空运或水运,应在其端部装设红色障碍灯;灯的电源不应受起重机停机影响而断电。

检验方法为目测检查设置与起重机设计图是否相符。

(二) 起重机电气线路的质量检验

1.供电要求

检验要求分为以下几点。

第一,有防爆要求起重机的大车、小车馈电应采用软电缆供电,起重机供电电缆应采用带接地芯线的电缆。

第二,分支线路配电。各机构动力、控制及辅助电源分支线路应采用断路器、熔断器或过电流保护继电器,提供过电流保护功能。当三相动力电路采用熔断器保护时,应具有缺相保护功能。

第三,对于电线电缆及配线有防爆要求的起重机,电气设备之间的连线,应采用橡套铜芯多股电缆,且中间不允许有接头,必要时可设防爆分线盒。吊运熔融金属和炽热物品的起重机上直接受热辐射的电缆应选用阻燃耐高温电缆或对电缆采取隔热措施。

2.线路保护

检验要求是所有线路都应具有短路或接地引起的过电流保护功能,在线路发生短路或接地时,瞬时保护装置应能分断线路。对于导线截面较小,外部线路较长的控制线路或辅助线路,当预计接地电流达不到瞬时脱扣电流值时,应增设热脱扣功能,以保证导线不会因接地而引起绝缘烧损。

3.起重机电控设备中各电路的绝缘电阻的检测

检验要求是起重机电控设备中各电路的绝缘电阻,在一般环境中不应小于0.8 MΩ。

检验方法是在空气的相对湿度小于85%,用500 V兆欧表分别测量各机构主回路、控制回路,对地的绝缘电阻。

四、起重机电气保护装置及设施的技术检验

(一) 供配电系统的安全保护

1.总电源开关

检验要求是起重机械应装设切断起重机械总电源的电源开关。

电源开关可以是隔离开关、与开关电器一起使用的隔离器、具有隔离功能的断路器。

2.总电源回路的短路保护

检验要求是至少设置一级短路保护,检查自动断路器或熔断器是否完好。

检验方法是对照电气原理图进行外观检查,短路保护装置是否与技术文件相符,短路是否完好。

3.失压保护

检验要求是当起重机供电电源中断后,凡涉及安全或不宜自动开启的用电设备均应处于断电状态,避免恢复供电后用电设备自动运行。

检验方法如下:一是确认所有机构的电动机的动力电源线从总电源接触器的下端头接线;二是确认启动按钮是自动复位的;三是做运行试验,断开起重机的总电源开关,总电源接触器释放,断开总电源回路;四是合上地面上的总电源开关,总电源接触器不能得电,按动启动按钮,总电源接触器得电,接通总电源回路或断开紧急开关,总电源接触器释放,断开总电源回路;五是合上紧急开关,总电源接触器不能得电,按动启动按钮,总电源接触器得电,接通总电源回路。

4.紧急停止开关

检验要求是每台起重机械应备有一个或多个可从操作控制站操作的紧急停止开关,当有紧急情况时,应能够停止所有运动的驱动机构;紧急停止开关动作时不应切断可能造成物品坠落的动力回路(如电磁盘、气动吸持装置);紧急停止开关应为红色,并且不能自动复位;有特殊需要时,紧急停止开关还可另外设置在其他部位;对于那些可造成附带危险的起重机械驱动机构,不需要停止所有运动驱动机构。

检验方法是紧急停止开关应按下列顺序检验:检查起重机上有无总电源接触器;起重机必须设有总电源接触器,所有机构的动力线必须全部从总电源接触器的出线端引接;通电试验;扳动紧急断电开关,总电源接触器或带失压脱扣线圈的断路器动作,切断所有机构的总电源,所有机构的运行停止。同时满足这些要求时,可判定紧急断电开关合格。

(二) 系统保护

1.零位保护

检验要求是起重机各传动机构应设有零位保护。运行中若因故障或失压停止运行后,重新恢复供电时,机构不得自行动作,应人为将控制器置回零位后,机构才能重新启动。

零位保护一般通过通电试验的方法检验。

2.失磁保护

检验要求是能耗制动的调速系统,或有因失磁而重物下坠导致安全事故可能的系统,应设失磁保护。

检验方法是采用欠电流继电器做失磁保护的,检查继电器的动作电流整定值约为电动机励磁电流(不需要弱磁调速时),最小励磁工作电流(需要弱磁调速时)的 0.85 ~ 0.90 倍。

3.过流保护

检验要求是每套机构必须单独设置过流保护。鼠笼型异步电动机驱动的机构,辅助机构可以例外;三相绕线式电动机可在两相中设过流保护;用保护箱保护系统,应在电动机第三相上设总过流继电器保护;直流电动机用一个过电流继电器保护。

检验方法是过电流继电器的过电流动作试验,可用钳型电流表测量电机的实际运行产生的过电流;适当调小过电流继电器的整定刻度值并操作起重机相对应的机构,过电流继电器应能够动作;如不动作,再继续调小过电流继电器整定刻度值,直至最小,使过电流继电器动作为止。

4.超速保护

检验要求是对于重要的、负载超速会引起危险的起升机构和非平衡式变幅机构应设置超速开关,超速开关的整定值取决于控制系统性能和额定下降速度,通常为额定速度的 1.25 ~ 1.4 倍。电控调速(包括涡流制动、能耗制动、直流机组供电等的起升机构)的起升机构均应设超速保护。对于吊运熔融金属和其他危险物品的起重机,其起升机构应设超速保护,额定起重量不大于 5 t 的电动葫芦除外。

检验方法是由于调速可能造成超速,调速系统一般均应设置超速保护环节和措施,如安装位置允许,都应设置超速保护开关,开关动作时,电动机停止运行,也有采用欠电流继电超速保护的;超速保护的检验,主要检验超速保护的设置和整定,一般不做超速试验。检验联锁保护,应人为触动超速保护开关或断开超速保护用继电器的联锁触点。此时,机构电动机应不启动。

5.错相和缺相保护

检验要求是当错相和缺相会引起危险时,应设错相和缺相保护。

检验方法是查验电气原理图,应符合有关技术规定。通电试验。在断电状态,人为断电、错相,相应的接触器应不能启动。

6.有绝缘要求的起重机特殊电气保护

检验要求是有绝缘要求的起重机应设有三级绝缘(如吊钩与钢丝绳动滑轮组之间的绝缘、起升机构与小车架之间的绝缘、小车架与桥架之间的绝缘),其每级绝缘电阻值不应小于 1.0 MΩ;有绝缘要求的起重机应设置绝缘失效自动声光报警装置,报警装置应与电源总开关联锁。

7.正反向接触器故障保护

检验要求是对用于吊运熔融金属的桥架起重机起升机构,检查是否有正反向接触器故障保护功能,防止电动机失电而制动器仍然在通电进而导致失速发生。

(三)联锁保护

1.门的联锁

检验要求,进入桥架起重机和门式起重机的门和从司机室登上桥架的舱口门,应能联锁保护;当门打开时,应断开由于机构动作可能会对人员造成危险的机构的电源。司机室与进入通道有相对运动时,进入司机室的通道口,应设联锁保护;当通道口的门打开时,应断开由于机构动作可能会对人员造成危险的机构的电源。

检验方法是各门的电气联锁限位应串联在总接触器控制回路中。当任何一个门打开时,起重机所有机构都应停止工作或不能接通。

2.多处操作的联锁保护

检验要求是可在两处或多处操作的起重机,应有联锁保护,以保证只能在一处操作,防止两处或多处同时都能操作。

检验方法是操作联锁限位,可在两处或多处操作的起重机(多数是手电门和遥控器切换控制)或既可电动也可手动驱动时,应设有联锁保护,以保证任意时候只有一处一种方式操作;试验时可将起重机设定为一处一种操作方式,此时再使用其他的操纵器或操纵方式时,应不能起作用。

3.双小车或多小车的联锁保护

检验要求是同一台起重机双小车或多小车联动时,两台或多台小车间应设联锁保护;当任何一个起升机构的高度限位器动作,两个或多个起升机构应同时停止;当任何一个起升机构超载保护动作,两个或多个起升机构应同时停止;当前方小车的前进限位器动作或后方小车的后退限位器动作,两个或多个小车机构应同时停止。

4.通道口安全联锁保护

检验要求是起重机应装设通道口联锁开关,用于当通道口打开时,断开总电源。桥式起重机的小车采用裸滑线供电的,如有人从舱口门或端梁门登上大车平台,门上安全联锁开关在开门后,自动断开总电源,切断小车滑线电源,防止登上走台的工作人员误触,也可防止由于机构突然启动造成人员挤伤、坠落事故。

检验方法是通道口联锁保护可采取通电试验的方法检验。通道口打开时,做接通总电源的操作,总电源应不能接通,或打开通道口,总电源应断开,所有机构的运行均应停止。

(四) 绝缘电阻

检验要求为对于电网电压不大于 1000 V 时,在电路与裸露导电部件之间施加 500V 时测的绝缘电阻不应小于 1 MΩ。对于不能承受所规定的测试电压的组件(如半导体组件、电容器等),试验时应将其短接。试验后,被试电器进行外观检查,应无影响继续使用的变化。

检验方法是电源导电器的绝缘电阻,一般规定不低于 0.5 MΩ,测量绝缘电阻的仪器是兆欧表,也称绝缘摇表,测量前应按被测部位的额定工作电压选择相应电压等级兆欧表,见表 4-4。

表4-4 兆欧表的选择

被测部位的额定工作电压/V	兆欧表的额定电压等级/V
60	250
60	600
500	660
1200	1000

兆欧表的接线柱有三个,分别为线路 L、接地 E、屏蔽 G。测量时,一般将 L 接在被测线路上,E 接地。测量电缆的绝缘电阻时,为使测量结果准确,还应将 G 接到电缆的绝缘纸上。使用兆欧表时,必须先切断被测部分电源,把表放在水平位置上。接线前,先转动兆欧表,看指针到“0”处,再将 L 和 E 短接,慢速转动,指针应在“0”处。兆欧表引线应用多股软线,要有良好的绝缘,两根线不能绞在一起,以免引起测量误差。一般摇测时间不少于 1 min,并以 1 min 以后的读数为准。表转速应保持在 120 r/min 左右,误差不应超过±25%。被测物表面应清洁,不得有污物。

第四节　安全防护装置的检验技术

一、防超载的安全装置

(一)额定起重能力

检验要求为限制器应适合起重机械的设计用途,不应降低起重机的起重能力。

检验方法为按配用起重机有关标准中额定载荷试验方法和程序,吊运相应的额定载荷进行试验,起重机应能正常工作。对于具有多档变速性能的起升机构,应当分别对各档位进行试验。

(二)限制器综合误差试验

检验要求为限制器的综合误差应符合以下规定:综合型限制器不应超过±5%,自动停止型限制器不应超过±8%。

检验方法为对额定起重量不变的起重机,吊起重物离地面100~200 mm处停止起吊,逐渐加载至装置动作,实测起重量;对应每个测试点应反复试验三次;具有指示功能的装置,同时检测数据误差;具有预警信号的装置,同时检测预警信号。

二、起重量限制器的检验

检验要求分为以下几点:①对于动力驱动的1 t及以上无倾覆危险的起重机械应装设起重量限制器。对于有倾覆危险的且在一定的幅度变化范围内额定起重量不变化的起重机械也应装设起重量限制器。②当实际起重量超过95%额定起重量时,起重量限制器宜发出报警信号(机械式除外)。③当实际起重量在100%~110%的额定起重量时,起重量限制器起作用,此时应自动切断起升动力源,但应允许机构做下降运动。④防超载的安全装置对于双小车或多小车的起重机,各起升机构均应装有起重量限制器,当各起升机构单独作业时,起重量限制器的限制值为各起升机构的额定起重量；当各起升机构起吊重量超过规定的限制值时应能自动切断起升动力源。联合起吊作业时，如果抬吊重量超过规定的抬吊限制值或各起升机构的起重量超过规定的限制值，起重量限制器应能自动切断各起升机构的起升动力源，但应允许机构做下降运动。有防爆要求的起重机应装防爆型起重量限制器。

检验方法为对于额定起重量不随幅度变化的起重机械，应当首先检查是否按照安全技术规范的要求设置了起重量限制器，以环链电动葫芦作为起升机构的起重机械可以采用安全离合器的方式来达到超载保护功能。动作试验时，对于安装了起重量限制器的起重机，试验时先吊起一定的载荷并保持离地面 100～200 mm，逐渐无冲击继续加载至 1.05 倍的额定起重量，检查起重量限制器是否动作，此时应切断了起升机构上升方向的动力源，但允许往下降方向运动。

三、位置限制器

（一）起升高度限位器

检验要求分为以下几点：①当取物装置上升到设计规定的上极限位置时，应能立即切断起升动力源；②在此极限位置的上方，还应留有足够的空余高度，以适应上升制动行程的要求；③在特殊情况下，如吊运熔融金属，还应装设防止越程冲顶的第二级起升高度限位器，第二级起升高度限位器应分断更高一级的动力源；④有其他需要时，还应设下降深度限位器；⑤当取物装置下降到设计规定的下极限位置时，应能立即切断下降动力源；⑥运动方向的电源切断后，仍可进行相反方向运动（第二级起升高度限位器除外）；⑦吊运熔融金属的起重机，主起升机构在上升极限位置应设置不同型式双重二级保护装置，并且能够控制不同的断路装置，当起升高度大于 20 m 时，还应当设置下降极限位置限位器。

检验方法为空载，先用最低速档碰触起升高度限位器开关，应能停止上升方向运行；或者空载，点动运行碰触起升高度限位开关后，继续做上升运行的操作,停止运行(总电源或机构电源或方向电源不能得电);空载用额定速度或最大工作速度碰触起升高度限位开关,应能停止上升方向运行,触发限位开关后,应能向反方向退出;有两套起升高度限位器时,先试验高度位置较低的一个,然后把这个开关用导线短接,再试验高度位置较高的一个;试验极限距离时,必须用额定速度或最大工作速度碰触高度限位开关,停止在极限距离内。

(二) 运行行程限位器

检验要求为起重机和起重小车(悬挂型电动葫芦运行小车除外),应在每个运行方向装设运行行程限位器,在达到设计规定的极限位置时自动切断前进方向的动力源。在运行速度大于 100 m/min,或停车定位要求较严的情况下,宜根据需要装设两级运行行程限位器,第一级发出减速信号并按规定要求减速,第二级应能自动断电并停车;如果在正常作业时起重机和起重小车经常到达运行的极限位置,司机室的最大减速度不应超过 2.5 m/s²。起重机行程限位开关动作后,应能自动切断相关电源,并应使相关机构在下列位置停止:起重机桥架和小车等,离行程末端不小于 200 mm 处;一台起重机临近另一台起重机时,相距不得小于 400 mm 处。

检验方法为先用最低速档碰触限位开关后,应能停止该方向运行;点动运行碰触限位开关后,继续做向该方向运行的操作,不能得电或不能继续运行;用额定速度或最大工作速度碰触限位开关,应能停止该方向运行;触发后应能向反方向退出;试验极限距离时,用额定速度或最大工作速度碰触限位开关,停止在极限距离内。

四、缓冲装置

(一) 缓冲器与端部止挡

检验要求为在轨道上运行的起重机的运行机构、起重小车的运行机构及起重机的变幅机构等均应装设缓冲器或缓冲装置;缓冲器或缓冲装置可以安装在起重机上或轨道端部止挡装置上;轨道端部止挡装置应牢固可靠,防止起重机脱轨。

检验方法是目测检查其完好性,并可做低速碰撞试验;缓冲器与轨道末端止挡接触位置要等高。

(二)终端止挡或缓冲器的安装

检验要求是终端止挡或缓冲器垂直于纵向轴线的平行度公差。

五、抗风防滑装置

检验要求分为以下几点。

第一,室外工作的轨道式起重机应装设可靠的抗风防滑装置,并应满足规定的工作状态和非工作状态抗风防滑要求。

第二,工作状态下的抗风制动装置可采用制动器、夹轨器、顶轨器、压轨器、别轨器等,制动与释放动作应考虑与运行机构联锁并应能从控制室内自动进行操作。

第三,起重机只装设抗风制动装置而无锚定装置的,抗风制动装置应能承受起重机非工作状态下的风载荷;当工作状态下的抗风制动装置不能满足非工作状态下的抗风防滑要求时,还应装设牵缆式、插销式或其他型式的锚定装置;起重机有锚定装置时,锚定装置应能独立承受起重机非工作状态下的风载荷[1]。

第四,非工作状态下的抗风防滑设计,如果只采用制动器、轮边制动器、夹轨器、顶轨器、压轨器、别轨器等抗风制动装置,其制动与释放动作也应考虑与运行机构联锁,并应能从控制室内自动进行操作(手动控制防风装置除外)。

第五,锚定装置应确保在下列情况时起重机及其相关部件的安全可靠:起重机进入非工作状态并且锚定时;起重机处于工作状态,进行正常作业并实施锚定时;起重机处于工作状态且在正常作业,突然遭遇超过工作状态极限风速的风载而实施锚定时。

---

①夏文俊.门座式起重机防风性能评估方法研究[D].武汉:武汉理工大学,2017.

六、防碰撞装置

检验要求是当两台或两台以上的起重机械或起重小车运行在同一轨道上时,应装设防碰撞装置;在发生碰撞的任何情况下,司机室内的减速度不应超过 5 m/s。

七、防偏斜装置

检验要求为跨度大于40 m的门式起重机和装卸桥应装设偏斜指示器或限制器,当两侧支腿运行不同步而发生偏斜时,能向司机指示出偏斜情况,在达到设计规定值时,还应使运行偏斜得到调整和纠正。

检验方法为现场动作试验时应在空载条件下进行大车运行偏斜运动,慢速点动操作起重机一侧支腿电动机,模拟大车运行偏斜状态,观察当两侧支腿运行不同步而发生偏斜时,能否向司机指示出偏斜情况,在达到设计规定值,能否使运行偏斜得到调整和纠正。需要特别指出的是,该项目试验有一定的风险,定检时只要检查是否有设置;如果要进行动作试验,事先应仔细查看设计文件,核实确定设计的纠偏范围,计算出距离,并将得出的距离值在地面上做好标记,确保试验在安全的范围内进行。

八、其他安全防护装置的检验

(一)防倾翻安全钩

检验要求为起重吊钩装在主梁一侧的单主梁起重机、有抗震要求的起重机及其他有类似防止起重小车发生倾翻要求的起重机,应装设防倾翻安全钩。

检验方为目测检查与运行试验相结合。

(二)检修吊笼或平台

检验要求是需要经常在高空进行起重机械自身检修作业的起重机,应装设安全可靠的检修吊笼或平台。

(三) 轨道清扫器

检验要求为当物料有可能积存在轨道上成为运行的障碍时,在轨道上行驶的起重机和起重小车,在台车架(或端梁)下面和小车架下面应装设轨道清扫器,其扫轨板底面与轨道顶面的间隙一般为5~10 mm。

检验方法为目测检查并尺寸测量。

(四) 导电滑线防护板

检验要求为桥架起重机司机室位于大车滑触线一侧,在有触电危险的区段,通向起重机的梯子和走台与滑触线间应设置防护板进行隔离;桥架起重机大车滑触线侧应设置防护装置,以防止小车在端部极限位置时因吊具或钢丝绳摇摆与滑触线意外接触;多层布置桥架起重机时,下层起重机应采用电缆或安全滑触线供电;其他使用滑触线的起重机械,对易发生触电的部位应设防护装置。

(五) 防护罩和防雨罩

检验要求为在正常工作或维修时,为防止异物进入或防止其运行时可能对人员造成的危险,应设有保护装置;起重机上外露的、有可能伤人的运动零部件,如开式齿轮、联轴器、传动轴、链轮、链条、传动带、皮带轮等,均应装设防护罩/栏;在露天工作的起重机上的电气设备应采取防雨措施。

第五章 起重机械的安装检验技术
——以桥架型起重机为例

第一节 安装检验前的技术准备

一、技术文件的准备与核查

(一) 产品设计文件

产品设计文件是反映产品全貌的技术文件,它除了用来组织和指导企业内部的产品生产,编制指导生产技术文件(如技术流程、材料定额、工时定额、设计工装夹具、编制岗位作业指导书等)外,还是政府主管部门和监督部门对产品进行监督,确定其是否符合有关标准,是否对社会、环境和人类健康造成危害,对产品的性质、质量等做出公正评价的依据。另外产品设计文件作为出厂随机资料,也是产品安装维修人员和使用人员进行安装、使用和维修的技术指导文件。产品设计文件主要包括设计说明、设计图纸、设计计算书及安装使用维护说明书。

第一,设计说明包括技术说明和使用说明两部分,一般由概括(用途)、工作原理、技术性能(参数)、结构特征、设计制造执行的主要标准、安装和调整(试)、使用和操作、维修和保养(润滑)、故障分析与排除等内容构成。

第二,设计图纸主要包括总图、主要受力结构件图(如主梁、支腿、端梁、下横梁等)、机械传动图、电气及液压系统原理图等。设计图样应当符合国家相关标准的要求,满足制造和安装、修理、检验工作的需要,签署齐全。

第三,设计计算书主要包括对起重机械的主要受力结构件进行设计计算,对主要工作机构的部件和安全保护装置进行选型校核分析与计算,至少包含以下几点:主要受力结构件,包括强度、刚性、稳定性的设计计算;主要工作机构的部件,包括电动机、减速器、钢丝绳(链条)、联轴器、卷筒、滑轮、车轮、起升用螺杆(螺母)、齿轮齿条选型计算;安全保护装置,包括制动器、起重量限制器、起重力矩限制器、防坠安全器或安全钳的选型计算;整机抗倾覆稳定性的计算。

第四,安装使用维护说明书应当满足安装、修理、使用、维护保养工作的需要,至少包括以下几点:主要性能参数、用途及其对使用环境的要求;各机构和各系统的原理图及其相应说明;安装(拆卸)说明及其要求;基础荷载图或基础载荷参数;大车运行轨道要求(如果有);操作使用说明及其要求;维护保养说明及其要求;储存、运输说明;设备上警示标志的位置和相应说明、安全注意事项;安全监控管理系统的说明及其要求(适用于安装有安全监控管理系统的起重机械)。审核时除了核对设计文件的种类和数量符合要求外,还要认真核实设计文件中的产品型号和规格与实际(购货合同规定的内容)是否相符。

第五,产品质量合格证明。产品质量合格证明主要包括产品合格证、产品数据表(包括主要参数和用途、主要结构型式、工作机构主要特性、所配套的安全保护装置的名称、型号规格、制造单位、制造日期、产品编号、型式试验合格证编号)、主要受力构件和重要结构件的材质证明、产品出厂检验报告等。在查核产品质量合格证明材料时,一定要查核有关材料的原件,对于移交给用户的有关材料,在审核完原件的同时,还要审核按照规定留存的影印件或复印件,保持其一致性。型式试验合格证,每个品种(类别)的起重机械都要经型式试验合格,才能正式生产(制造),每个制造厂家都会有几种甚至十几种型式试验合格证,所以在审核产品出厂资料时,要首先核实型式试验合格证明上所列设备名称、型号与产品质量合格证明等相符或主要参数能覆盖拟安装设备。此外对用于起重机上的安全保护装置和电动葫芦也应提供型式试验合格证明①。

（二）安装作业文件

施工方案是审批起重机械安装过程中对所使用安装技术、步骤、劳动力、材料、设备等环节进行部署的文件。该文件要有编制、审核人员签字，并且经安装单位法定代表人或其授权人批准后颁布实施。安装方案的主要内容有以下几个方面：编制依据、工程概况、施工安排、施工准备、施工工序、施工检验和安全管理等。

第一，编制依据，主要包括招标文件、技术要求、设计文件和安装使用维护说明书等，安装方案所涉及的国家安全技术规范、标准和企业标准的名称及其编号分别列出，还应明确所执行的技术文件名称、编号、制订单位、实施日期等内容。

第二，工程概况，主要包括工程名称、工程地点、购买者或使用者、合同编号、安装数量、计划开工日期、计划完工日期等基本情况；起重机械的品种、型号、数量、额定起重量、起升高度等基本参数；基础安装验收的确认情况等内容。

第三，施工安排，主要包括施工组织机构及其相关人员名单（岗位设置、人员情况和管理责任人等）；工程质量目标（量化考核指标、考核依据、考核程序以及方法等）、安全目标（安全事故、火事故、设备事故等）、工期目标（总工期和分段工期目标）；以及明确施工单位、使用单位、有关单位之间的关系、联系方式和沟通方法与措施。

第四，施工准备，主要包括前期准备涉及施工人员（备齐有效的特种设备作业人员证）的安置、施工条件和基础确认、总体进度、施工管理（安全管理）向特种设备安全监察机构告知等；技术准备涉及国家法规对施工工程的要求以及有关单位需要履行的职责、有关图纸、技术文件、质量保证措施（如材料进场管理措施、工程质量管理控制措施、

---

① 郭宏毅，姜克玉，安振木，等. 起重机械安装维修实用技术[M]. 郑州：河南科学技术出版社，2010.

施工操作管理措施、施工技术资料管理措施等）、安全保证措施（如安全管理措施、组织管理措施、工作管理措施、劳务用工管理措施、临时用电管理措施、现场消防管理措施、施工机具管理措施、各个阶段成品的保护措施等）、文明施工措施（如环境保护措施、施工现场卫生及生活卫生管理措施等）；施工工程所需人员、设备、物资、辅助材料的数量及进场时间；施工进度计划应考虑整个施工工程中每台起重机械的施工时间、进度、完工日期、工序相互衔接和穿插的情况，注意各工程小组之间的衔接、穿插、平行搭接等关系；并进行技术交底，其内容有工程概况、质量目标、施工准备（技术、材料、机具、人员以及作业条件等）、执行的技术、检验标准、成品保护、安全措施、文明施工以及环境保护措施、特殊技术或其他施工要求，对技术交底的过程要做好记录。

第五，施工工序。应涵盖安装工程的全过程，应包括开箱验收、轨道安装、金属结构件安装、机械或液压传动件安装、电气装置安装、安全保护和防护装置安装、辅助设备安装、调试、自检、试运行、监督检验；施工工序应按制造厂家、施工单位的技术文件进行表述，并注明技术文件的名称、编制单位、编制日期、批准人及实施日期；对不能按照起重机械制造厂家技术文件执行的特殊技术，应制订专项施工工序。

第六，施工检验。安装过程的检验内容至少包括安装作业文件审查、施工环境及基础验收检验、开箱检验、部件组装过程检验、电气或液压等控制系统安装过程检验、安全保护装置检验、运行调试过程检验、交验前的自检验。安装单位在自检合格的基础上，应向相关法定检验机构申请实施安装监督检验。

第七，安全管理。安全管理的内容主要包括工程的安全管理组织机构、管理职责和安全管理责任人；施工人员应遵守的各项安全技术规章制度和安全操作规程采用的各种安全措施；施工工程的应急救援预案及演练要求，并保存实施各项安全管理的记录。

第八，安全操作规程。安全操作规程包括很多方面，具体到起重机械的安装方面,主要包括起重机械的安装现场所涉及的作业项目的安全操作规程,如起重机械的搬运和吊装安全操作规程、电气焊接与切割安全操作规程、用电安全操作规程、救火与消防安全操作规程、高处作业安全操作规程、电动工具安全操作规程等。

第九,质量计划。所谓质量计划就是对起重机械安装、改造、重大维修实施过程,规定由谁及何时使用哪些程序和相关资源的文件。质量计划的主要内容至少包括目的、质量目标、编制依据、职责权限的确定和资源的配置、施工过程流程图、实施中需要采用的书面程序和作业指导书、适用的检验安排和审核要求、为实现过程及其满足要求提供证据所需要的记录、为达到质量目标应采取的其他措施。

(三) 施工告知

根据《起重机械安全监察规定》(国家质量监督检验检疫总局令第92号)第十四条之规定:从事安装、改造、维修的单位应当按照规定向质量技术监督部门告知,告知后方可施工。对流动作业并需要重新安装的起重机械,异地安装时,应当按照规定向施工所在地的质量技术监督部门办理安装告知后方可施工。施工前告知应当采用书面形式,告知内容包括单位名称、许可证书号及联系方式,使用单位名称及联系方式,施工项目、拟施工的起重机械、监督检验证书号、型式试验证书号、施工地点、施工方案、施工日期,持证作业人员名单等。

(四) 基础验收证明

对由使用单位负责的起重机土建基础工程及基础隐蔽工程,其质量是否符合要求,直接影响到起重机的正常运行,所以起重机的土建工程及基础隐蔽工程验收证明(由隐蔽工程施工单位或监理单位提供符合设计技术要求的隐蔽工程检查记录),是起重机械检验(施工)时首先确认的重要项目。

(五) 技术存档资料

存档技术资料的主要内容至少包括产品、材料、部件检查确认记录,主要零部件合格证、铭牌,安全保护装置合格证、铭牌、型式试验证明,主要受力结构件主要几何尺寸的检查记录,其他必要的文件。

二、检验技术现场环境条件的确认

检验现场的环境条件,对现场检验工作的影响至关重要,首先是关系到现场检验人员的人身安全,也直接影响着检验工作的顺利开展。不同的环境条件,所得出的检验结果也不尽相同,所以对于现场检验条件,特别是室外的现场检验条件,必须满足以下要求。

(一)气候条件

第一,一般风速不超过 5.5 m/s,速度测试时的风速不超过 3 m/s。

第二,现场的环境温度应当在 $-5 \sim 40\ ℃$ 范围内(冶金桥架起重机试验现场的环境温度一般在 $-5 \sim 50\ ℃$ 范围内)。

第三,在 $40\ ℃$ 时的环境相对湿度不超过 50%。

第四,海拔高度一般不超过 1000 m(冶金桥架起重机试验现场海拔高度一般不超过 2000 m)。

第五,对于室外施工的起重机械,现场检验应当选择无雨、无雪的天气进行,测量桥架等尺寸时,应当在无日光和温差的影响下进行(室内施工的起重机械无此要求)。

(二)试验环境

第一,检验现场不得有易燃、易爆及腐蚀性气体,检验时要对设备周围的环境进行确认,有尘、噪声、辐射等职业危害时要穿戴好劳动防护用品,如防尘口罩、防毒面具、耳塞、防辐射服等,长时间工作时中间应适当安排时间休息。

第二,身体如遇有不适的感觉,应停止登高作业;夏季高温天气中检验时要防止中暑;在潮湿环境下检验时,还要注意防止触电。

第三,在进行起重机械功能试验时,应选择安全的地方站立,防止被房梁、支撑架等设备刮碰等。

第四,检查起重机械运动部分与建筑物、设施、输电线的安全距离,是否符合《起重机械安全规程第1部分:总则》(GB/T 6067.1—2010)中的要求。

第五,检验现场的动力源应当与设计一致,三相交流电源时,工作电压一般为380 V(允差为-10% ~ 10%)。

第六,检查通向起重机械通道、起重机械上的通道和净空高度、平台、梯子和栏杆安全现状是否符合《起重机械安全规程第1部分:总则》(GB/T 6067.1—2010)中的要求。用于试验所需的载荷精度为±1%。

(三) 其他

检验场地周围应当设置安全警戒线,试验场内应当有安全管理措施:安全距离、安全标示标志、防火措施、高处作业时的防坠落措施、报警及通信联络等。

第二节　安装过程检验技术

一、大车轨道安装质量检验技术

(一) 技术要求

第一,对照设计图纸,核实大车轨道的安装位置(高度)。

第二,钢轨铺设前,应对钢轨的端面、直线度和扭曲进行检查,合格后方可铺设。

第三,安装前应确定轨道的安装基准线,轨道的安装基准线宜为吊车梁的定位轴线。

第四,钢梁上铺设轨道结构的,轨道的实际中心线对钢梁实际中心线的位置偏差不应大于10 mm,且不大于钢梁腹板厚度的一半。

第五,轨道铺设在钢梁上,轨道底面应与钢梁顶面贴紧。当有间隙且长度超过200 mm时,应加垫板垫实,垫板长度不应小于100 mm,

宽度应大于轨道底面10～20 mm,每组垫板不应超过3层,垫好后与钢梁焊接固定。

第六,轨道的实际中心线对安装基准线的水平位置的偏差,对于通用的桥架起重机不应大于5 mm。

第七,起重机轨道跨度小于或等于10 m时,轨道跨距允许偏差为±3.0 mm。

第八,当起重机跨度大于10 m时,轨道跨距偏差按下式计算,但最大不应超过15 mm。

第九,轨道顶面对其设计位置的纵向倾斜度,通用桥架起重机不应大于1/1000,每2 m测一点,全行程内高低差不应大于10 mm。

第十,轨道顶面基准点的标高相对于设计标高的允许偏差,对于通用桥架起重机为±10 mm。同一截面两平行轨道的标高相对差,桥架起重机为±10 mm。

第十一,两平行轨道的接头位置应错开,其错开距离不应等于起重机前后轮的基距。

第十二,轨道接头应符合下列要求:轨道接头采用焊接时,焊条应符合钢轨母材的要求,焊接质量应符合电熔焊的有关规定,接头顶面及侧面焊缝处,应打磨平整。轨道接头采用鱼尾板连接时,接头高低差及侧向错位不应大于1.0 mm。伸缩缝处的间隙应符合设计规定,允许偏差±1.0 mm[①]。

第十三,用垫板支撑的轨道,接头处垫板的宽度(沿轨道长度方向)应比其他处增加一倍。

(二)检验项目

第一,轨道选型、轨道标高、轨距与轨道连接(固定)方式等符合设计要求。

第二,用方钢或扁钢制起重机轨道的,由于这种轨道轨顶是水平

---

①冯春杏. 起重机轨道检测的双机器人协同控制技术研究[D]. 镇江:江苏大学,2019.

的,底面较窄,只宜支撑在钢结构上,不能铺在混凝土基础上。

第三,为了保证桥架起重机安全可靠地运行,其轨道须具有良好的承载能力,即轨道的顶面应承受车轮的挤压应力;轨道的底面应具有足够的宽度,以减轻基础的挤压应力;轨道的截面应有好的抗弯强度。

第四,检查钢轨、螺栓、夹板有无裂纹、松脱和腐蚀。如发现裂纹应及时更换新件,如有其他缺陷应及时修理。钢轨上的裂纹可用线路轨道探伤器检查。裂纹分为垂直于轨道的横裂纹、顺着轨道的纵向裂纹和斜向裂纹。如果产生较小的横向裂纹,可采用鱼尾板连接;斜向或纵向裂纹则要去掉有裂纹的部分,换上新轨道。

第五,钢轨顶面若有较小的疤痕或损伤时,可用电焊补平,再用砂轮修光。轨顶面和侧面磨损(单侧)都不应超过 3 mm。

第六,鱼尾板的连接螺栓不得少于 4 个,一般应有 6 个。

第七,小车轨道每组垫铁不应超过两块,长度不应小于 100 mm,宽度应比钢轨底面宽 10~20 mm。两组垫铁间距不应小于 200 mm。垫铁与轨道底面实际接触面积不应小于名义接触面积。

(三) 检验方法

检验方法为目测和仪器测量。测量轨道时,钢卷尺应配弹簧秤,拉力应符合有关规定,计算绝对值时,应修正钢卷尺的误差和挠度值。

二、大车运行机构安装质量检验技术

第一,安装前对安装段轨道进行验收。对所安装设备进行清点、检查,符合有关规定。

第二,安装控制点的设置,放出中心线于砼面和轨道顶面上,基准点线误差 1.0 mm,对角线相对差 3.0 mm。

第三,根据大车运行机构重量和起吊能力,整体或部分吊装就位,并按控制点进行调整和加固,具体要求为所有走行轮均应与轨道面接触。车轮滚动平面中心应与轨道基准中心线重合,允许 $S \leqslant 10$ m±20 mm;$S > 10$ m±$[2+0.1(S-10)]$。

第四,起重机前后轮距相对差不大于5.0 mm。

第五,大车轮水平偏斜值为P,当M1时,$P\leq0.001$ mm。当M2—M4时,$P\leq0.0008$ mm。当M5 ~ M8时,$P\leq0.0006$ mm(M1,M2,…,M8为运行机构工作级别)。

第六,同一端梁下大车轮同位差≤2.0 mm。

第七,有平衡梁或平衡架结构的上部法兰面允许偏差为跨距±2.0 mm,基距±2.0 mm,高程相对差≤3.0 mm,对角线相对差≤3.0 mm。

三、走行梁(下横梁、端梁)的安装质量检验技术

(一) 检验项目

第一,走行梁与运行机构采用螺栓连接的,紧固后,用0.2 mm塞尺检查,螺栓根部应无间隙。

第二,走行梁与台车架等结构件采用高强度螺栓连接,应遵守《钢结构高强度螺栓连接技术规程》(JGJ 82—2011)中高强度螺栓的有关规定。

第三,走行梁组合后,应当保证其跨度和对角线相对差符合相关标准和设计文件的要求。

(二) 检验要求

检验要求主要是合同件及技术条款;设计图纸及技术说明及遵守《起重设备安装工程施工及验收规范》(GB 50278—2010)、《通用桥式起重机》(GB/T 14405—2011)、《通用门式起重机》(GB/T 14406—2011)中的相关规定。

(三) 检验方法

第一,用水准仪、钢板尺检查轨道高低差。

第二,用钢卷尺检查结构跨度、对角线相对差。

四、主要受力结构件的安装质量检验

(一) 检验项目

焊接质量、漆面检查、外形尺寸。

（二）检验要求

第一，焊缝外部不得有裂纹、孔穴、固体夹渣、未熔合、未焊透等目测可见的明显缺陷。

第二，主梁腹板的局部腹板不应有严重不平，其局部平面度，在离受压翼缘板 $H/3$ 以内不大于 0.7δ，其余区域不大于 1.2δ。

第三，主梁的上拱度、悬臂上翘度以及主梁水平旁弯应当符合相关标准和设计文件要求。

第四，主梁、端梁、下横梁、台车等连接板连接螺栓必须紧固，弹垫良好，采用高强度

第五，螺栓连接时，必须按设计要求处理并用专用工具拧紧。

第六，面漆应均匀、细致、光亮、完整和色泽一致，不得有粗糙不平、漏漆、错漆、皱纹、针孔及严重流挂等缺陷；漆膜厚度每层 $25 \sim 35\ \mu m$，总厚 $75 \sim 105\ \mu m$；漆膜附着力符合规定一级质量要求。

五、制动装置的安装质量检验

（一）检验项目

第一，制动器铭牌要清晰，外观质量应完好无损，紧固件不得松动，配件齐全。

第二，制动器的制动轮与制动片间隙的最大开度（单侧）应不大于 $1\ mm$。

第三，制动轮制动面的硬度应进行检验。

第四，桥、门式起重机的起升机构，大、小车运行机构的制动距离应进行检验。

第五，制动轮的制动摩擦面不得有妨碍制动性能的缺陷，不得沾涂油污、油漆。

（二）检验要求

第一，安装前应检查各部件的灵活及可靠性，制动瓦块的摩擦片固定牢固，使用铆钉固定的摩擦片，铆钉头应沉入衬料约25%。

第二,制动器叉板与瓦块轴销间隙应与制动闸瓦退程间隙一致,制动器闸瓦两侧间隙相等,其值应符合有关要求。

第三,制动器工作弹簧的安装长度符合有关规定。

第四,电磁衔铁工作行程符合有关规定。

第五,在确保闸瓦最小间隙的情况下,液压制动器推杆的工作行程越小越好。

第六,被检的制动轮如为钢质的,其制动面硬度应达到 HRC45～HRC55;被检制动轮如为球铁的,其制动面硬度应达到 HB174～HB241。

第七,用洛氏硬度计(或肖氏硬度计)、布氏硬度计来检验。

(三)检验方法

检验方法是目测,使用塞尺测量制动闸瓦和制动轮各处间隙应该基本相等,间隙数据与实际情况基本相符。

六、电气设备安装质量检验

(一)检验项目

第一,选用的电气设备及电气组件应与供电电源和工作环境以及工况条件相适应;对在特殊环境和工况下使用的电气设备和电气组件,设计和选用应满足相应要求。

第二,机械固定应安装牢固,底脚螺栓、轴承帽等所有应紧固螺栓均应拧紧,无松动。

第三,螺栓、触头、电刷等连接部位,电气连接应可靠,无接触不良。

第四,构件应齐全完整,出线盒不应有损坏现象。

第五,传动部分应灵活,无卡阻;绝缘材料应良好,无破损或变质。

(二)检验要求

检验要求遵守《通用桥式起重机》(GB/T 14405—2011)、《通用门式起重机》(GB/T 14406—2011)和《起重机械安全规程第1部分：总则》(GB/T 6067.1—2010)中的相关条文规定内容。

(三) 检验方法

检验方法为目测、查验电气图纸、动作试验。

七、电气保护装置安全质量检验

(一) 检验项目

第一，地面上应设置易于操作的总电源开关，出线端不得连接与起重机无关的电气设备。

第二，当总电源开关无隔离作用时，起重机上应设隔离开关或其他隔离装置。

第三，总电源应有失压保护。当供电电源中断时，必须能够自动断开总电源回路，恢复供电时，不经手动操作，总电源回路不能自行接通。

第四，当司机室设在运行部分时，进入司机室通道口，或由司机室登上主梁的门，都应设置电气联锁保护装置；当任何一个门打开时，起重机所有机构均应不能工作。

第五，必须设置红色非自动复位的紧急断电开关，在紧急情况下，应能切断起重机总机控制电源。紧急断电开关应设在司机操作方便的地方。

第六，必须设有零位保护（机构运行采用按钮控制的除外）。开始动转和失压后恢复供电时，必须先将控制器手柄置于零位后，该机构或所有机构的电动机才能启动。

第七，每个机构均应单独设置过流保护。交流绕线式异步电动机可以采用过电流继电器。笼型交流电动机可采用热继电器或带热脱扣器的自动断路做过载保护。

第八，司机室、电气室、通道应有合适的照明。照明电源应由起重机总断路器进线端引接，且应设单独的开关和短路保护。无专用工作零线时，照明用220 V交流电源电压由隔离变压器获得，严禁用金属结构做照明线路的回路,严禁使用自耦变压器直接供电。固定式照明电源电压不得大于 220 V;移动式照明电源电压不得超过 36 V。额定电压不大于 500 V;电气线路对地绝缘电阻,一般环境中不低于 0.8 MΩ,潮湿环境中不低于 0.4 MΩ。

第九,起重机整机应可靠接地。采用接地保护时,接地电阻值应≤4 Ω;采用接零保护时,重复接地电阻应≤10 Ω。

(二) 检验方法

目测、查验电气图纸、动作试验。

八、司机室水平视野的检验

(一) 检验项目

桥、门式起重机司机室水平视野。

(二) 检验标准

对于桥架起重机的司机室,其工作座椅中心与司机室四侧面的透视的夹角不小于230°。

(三) 检验方法

第一,操纵方式为联动控制台。在距司机室地板面高 1200～1500 mm 的水平面上测量。

第二,将司机椅置于两联动控制台之间的中线上,距联动手柄中连线 300 mm 处,以距椅子转轴中心 470 mm 处为圆心,做φ180 mm 圆,过司机室左、右侧窗透光玻璃边处与φ180 mm 圆连切线,两切线所夹钝角即为司机室的水平视野(此法允许按比例放样确定)。

第三,操纵方式为直立式控制器。只是将司机室内前方两个小型立式控制器手柄转动中心视同联动控制台手柄转动中心来确定司机室的水平视野。

第三节　整机性能试验检验技术

起重机械安装竣工后,必须通过整机性能试验,对这些试验的过程应当进行质量检验。

一、空载试验的检验

(一)检验项目

1.试运转前

第一,电气系统、安全联锁装置、制动器、控制器、照明和信号系统等安装应符合要求,其动作应灵敏和准确。

第二,钢丝绳端的固定及其在吊钩、取物装置、滑轮组和卷筒上的缠绕应正确、可靠。

第三,各润滑点和减速器所加的油脂的性能、规格和数量应符合设备技术文件的规定。

第四,盘动各运行机构的制动轮,均应使转动系统中最后一根轴(车轮轴、卷筒轴等)旋转一周不应有阻滞现象。

2.操纵机构的操作方向

应与起重机的各机构运转方向相符,且操纵灵敏可靠,能实现规定的功能和动作。

3.分别开动各机构的电动机

运转应正常,无异常振动、冲击、过热、噪声等现象,大车和小车运行时不应啃轨,各制动器能准确、及时地动作。

4.起重机装置

起重机馈电装置、各限位开关及安全装置动作应准确、可靠。

(二)检验方法

试验前,用500 V兆欧表分别测量各机构主回路、控制回路,对地的绝缘电阻。接通电源,开动各机构,使小车沿主梁全长、起重机沿轨道适当长度往返运行各不少于3次,应无任何卡阻现象,检查限位开关、缓冲器工作是否正常,吊具左右极限位置是否符合要求。分别开动主、副起升机构做起升范围全程运行,检查运转是否正常,控制系统和安全装置是否符合要求及灵敏准确,检查起升范围是否符合要求。

空运转试验时,分别开动各机构,做正、反方向运转,累计时间不少于5 min,并做好记录。

二、额载试验的检验

(一) 检验项目

主梁的跨中和门式起重机有效悬臂处的刚度值符合相关标准和设计文件的要求。各机构运转正常,试验后检查起重机不应有裂纹、连接松动、构件损坏等影响起重机性能和安全的缺陷,制动下滑量应当在允许范围内。

(二) 检验方法

目的是通过额定载荷试验进一步测试起重机的相关功能指标。主起升机构按$1.0G_n$加载,做起重机和小车运行机构、起升机构的联合动作,只允许同时开动两个机构(但主、副起升机构不应同时开动);此期间按《通用桥式起重机》(GB/T 14405—2011)的规定分别检测各机构的速度(含调速)、制动距离和起重机的噪声;按《通用桥式起重机》(GB/T 14405—2011)中的方法检测抓斗的抓取性能,按《通用桥式起重机》(GB/T 14405—2011)中的方法验证起重电磁铁的吸重能力、电控系统的正确性和备用电源的保磁能力。

三、静载试验的检验

(一) 检验项目

将小车停在起重机的跨中或悬臂起重机的最大有效悬臂处,无冲击地起升额定起重量的1.25倍的负荷,在离地面高度为100～200 mm

处,悬吊停留时间不应少于 10 min,并应无失稳现象,然后卸去负荷将小车开到跨端或支腿处,检查起重机桥架金属结构,且应无裂纹、焊缝开裂、油漆脱落及其他影响安全的损坏或松动等缺陷。

试验不得超过三次,第三次应无永久变形。测量主梁的实际上拱度或有效悬臂处的上翘度[①]。

(二) 检验方法

静载试验的目的是检验起重机及其部件的结构承载能力。每个起升机构的静载试验应分别进行,静载试验的载荷为 1.25 倍,试验前应调整好制动器,调制过程如下。

第一,对主起升机构做静载试验。起升额定载荷(逐渐增至额定载荷),小车在桥架全长往返运行,并开动起重机运行机构,检查各项性能应达到设计要求。卸去载荷,将空载小车停放在极限位置(抓斗、起重电磁铁应放至落地),定出检测基准点。

第二,主起升机构置于主梁最不利位置,先按 $1.0G_n$ 加载(双小车或多小车时,接合同约定进行试验),起升离地面 100～200 mm 处悬空,再无冲击地加载至 $1.25G_n$。卸去载荷将空载小车停放在极限位置(应使抓斗及起重电磁铁落地),按《通用桥式起重机》(GB/T 14405—2011)和《通用门式起重机》(GB/T 14406—2011)中的方法检查起重机主梁基准点处,应无永久变形且主梁实有上拱度,符合《通用桥式起重机》(GB/T 14405—2011)和《通用门式起重机》(GB/T 14406—2011)中的要求,即可终止试验。

试验后,目测检查是否出现永久变形、油漆剥落或对起重机的性能和安全有影响的损坏,检查连接处是否出现松动或损坏。静载试验的超载载荷部分,应是无冲击地加载。抓斗起重机的静载试验,宜在额定载荷的基础上,再向斗内一块一块地添加比重较大的重物(如生铁块)的方法直至达到静载试验载荷;吊钩起重机的静载试验的超载

---

①周俊坚. 起重机静加载试验装置研究[D]. 杭州:浙江工业大学,2017.

部分(电磁起重机,可摘下起重电磁铁,在吊钩上按此法加载)宜采用附加水箱,向箱内注水,达到无冲击地加载。

四、动载试验的检验

(一) 检验项目

起吊1.1倍的额定载荷,按电动机允许的接电持续率进行起升、制动、大小车运行的单独和联动试验。各机构的动作应灵敏、平稳、可靠,电动机及电气元器件的温升不允许超过规定标准,整机不应有不正常的响声和振动等现象。起重量限制器当载荷达额定载荷的90%时应报警;当载荷超过额定载荷但不超过额定载荷的110%时应断电。

试验结束后,结构和机构不应损坏,连接无松动。

(二) 检验方法

起重机各机构的动载试验应先分别进行,而后做联合动作的试验。做联合动作的试验时,同时开动的机构不应超过两个。起升机构按$1.1G_n$加载,试验中对每种动作应在其行程范围内做反复运动的启动和制动,对悬挂着的试验载荷做空中启动时,试验载荷不应出现反向动作。试验时应按该机的电动机接电持续率留有操作的间歇时间,按操作规程进行控制,且必须注意把加速度、减速度和速度限制在起重机正常工作的范围内。按接电持续率及其工作循环,试验时间至少应延续1h。

试验后,目测检查各机构或结构的构件是否有损坏,检查连接处是否出现松动或损坏。

五、动态刚性的检验

(一) 检验项目
桥、门式起重机主梁动态刚性(动刚度、自振频率)。

(二) 检验要求
检验要求见由双方约定或设计文件规定,一般主梁的动态刚性应不小于2Hz。

(三) 检验方法

1.动态刚性检验方法一

用动态应变仪和光线示波器进行检验。在主梁跨中上盖板或下盖板处任选一点,作为检测垂直方向振动检测点;检测点表面粗糙度应达到6.3 μm,小车处于跨中位置;把应变片用黏结剂粘在检测点上,应变片引线接在动态应变仪输入信号接头上,输出信号接头接光线示波器;接通电源,起升额定载荷至额定起升高度的2/3处,停稳后全速下降,在接近地面处紧急制动,此时,从光线示波器记录纸上的时间曲线和振动曲线上测的频率,即为该起重机的自振频率。

2.动态刚性检验方法二

用机械式振动测量仪进行检验。在主梁上盖板或下盖板任意一点上进行,小车处于跨中位置,将振动测量仪固定在主梁上盖板上,起升额定载荷至额定起升高度的2/3处,然后使地面支架与振动测量仪触头接触,并将记录笔放置于记录纸中间位置(或者将振动测量仪固定在升降平台上,使振动测量仪触头与主梁下盖板接触)。然后全速下降,在接近地面处紧急制动,此时,所测得的振动频率即为该起重机的自振频率。

3.动态刚性检验的无线应变测试系统

在主梁跨中或有效悬臂处(适用于有悬臂并进行悬臂作业的门式起重机)粘贴应变片,按要求连接无线应变测试系统,并调试成功。起重小车分别位于主梁跨中或有效悬臂处,起升额定载荷到3/4额定起升高度悬停5 min,起升机构全速下降,至1/4额定起升高度时制动,在制动前启动无线应变测试系统采集数据,直到制动后5 min停止采集。通过相关软件对数据分析,确定该起重机的自振频率。

第六章 塔式起重机的安装检验技术

第一节 塔式起重机简述

一、塔式起重机的型号及其系列

型号示例:公称起重力矩400kN·m的快装塔式起重机,型号为QTK400JG/T5037;公称起重力矩600kN·m的固定塔式起重机,型号为QTG600JG/T5037。

塔式起重机以公称起重力矩为主参数,其系列为100、160、200、250、315、400、500、630、800、1000、1250、1600、2000、2500、3150、4000、5000、6300(kN·m)。

二、塔式起重机的性能参数

(一) 幅度

幅度是指从塔式起重机回转中心线至吊钩中心线的水平距离,通常称为回转半径或工作半径。俯仰变幅的起重臂俯仰时与水平的夹角在13°~65°,其变幅范围较小,而小车变幅的起重臂始终是水平的,变幅的范围较大,因此小车变幅的塔式起重机在工作幅度上有优势。俯仰变幅塔式起重机的实际吊钩幅度一般是将吊钩放至地面,然后用卷尺测量塔机中心到吊钩的水平限高;小车变幅起重机的实际吊钩幅度可以将其在大臂上每节的长度相加,再加上塔机中心至大臂根部的长度即可算出[1]。

---

①崔乐芙. 建筑塔式起重机[M]. 北京:中国环境科学出版社,2011.

（二）起重量

起重量是吊钩能吊起的重量，包括吊索、吊具及容器的重量。起重量包括最大起重量及最大幅度起重量两个参数。最大起重量由起重机的设计结构确定，主要包括钢丝绳、吊钩、臂架等重量。其吊点必须在幅度较小的位置。最大幅度起重量除了与起重机设计结构有关外，还与其倾翻力矩有关，是一个很重要的参数。

塔式起重机的起重量随吊钩的滑轮组数不同而不同。一般两绳的塔式起重机起重量是单绳的一倍，四绳的塔式起重机起重量是两绳起重量的一倍等，可根据需要进行变换。

塔式起重机的起重量随着幅度的增加而相应递减，因此，在各种幅度时都有额定的起重量，不同的幅度和相应的起重量连接起来，根据绘制成起重机的性能曲线图，操作人员可以迅速得出不同幅度下的额定起重量，防止超载。一般塔式起重机可以安装几种不同的臂长，每一种臂长的起重臂都有其特定的起重曲线，不过差别不大。

为了防止塔式起重机起承量超过其最大起重量，塔式起重机都安装有重量限制器，有的称测力环。重量限制器内装有多个限制开关，除了可限制塔机最大额定重量外，在高速起吊和中速起吊时，也可进行重量限制，高速时吊重最轻，中速时吊重中等，低速时吊重最重。

（三）起重力矩

起重量与相应幅度的乘积为起重力矩，单位为 kN·m。额定起重力矩是塔式起重机工作能力的最重要参数，是防止塔式起重机工作时因重心偏移而发生倾翻的关键参数。由于不同幅度的起重力矩不均衡，幅度渐大，起重力矩渐小，因此常以各点幅度的平均起重力矩作为塔式起重机的额定起重力矩。

为了防止塔式起重机工作时超起重力矩而发生安全事故，塔式起重机都安装了力矩限位器。当力矩增大时，塔尖的主肢结构会发生弹性形变而触发限位开关动作。力矩限制器也装有多个限制开关，达到额定起重力矩后,不仅起升不能动作,小车也不能向外变幅;当达到 80% 额定力矩后,小车自动切断高速,只能慢速向前,防止因惯性而超力矩。

(四) 起升高度

起升高度也称吊钩高度,是指从塔机的混凝土基础表面(或行走轨道顶面)到吊钩的垂直距离。对小车变幅的塔式起重机,其最大起升高度是不可变的。对于俯仰变幅的塔式起重机,其起升高度随不同幅度而变化,最小幅度时起升高度可比塔尖高几十米,因此俯仰变幅在起升高度上有优势。

起升高度包括两个参数:一是安装自由高度时的起升高度;二是塔机附着时的最大起升高度。在安装自由高度时不需附着,一般塔式起重机的起升高度能达到 40 m,能满足小高层以下建筑的需要。

为了防止塔机吊钩起升超高而损坏设备发生安全事故,每台塔机上都安装有高度限制器,当吊钩上升到离臂架 1 ~ 2 m 时自动切断起升电源,防止吊钩继续上升。

(五) 工作速度

塔式起重机的工作速度包括起升速度、回转速度、变幅速度、大车行走速度等。在起重作业中,起升速度是最重要的参数,特别是高层建筑中,提高起升速度就能提高工作效率;同时吊物就位时需要慢速,因此起升速度变化范围大是塔式起重机起吊性能优越的表现。在回转、变幅、大车行走等起重作业中,其速度都不要求过快,但必须能平稳地起动和制动,能实现无极调速。为满足要求,采用变频控制比较理想。

(六) 尾部尺寸、部件重量及外廊尺寸

下回转起重机的尾部尺寸是指由回转中心至转台尾部(包括压重块)的最大回转半径。上回转起重机的尾部尺寸是指由回转中心线至平衡臂尾部(包括平衡块)的最大回转半径。塔式起重机的尾部尺寸

是影响安装拆卸以及回转作业的重要参数。塔式起重机各部件的重量和外廓尺寸是运输、吊装拆卸时的重要参数。

三、塔式起重机构造

(一) 塔机的金属结构

塔机的金属结构由起重臂、塔身、附着杆、底座、平衡臂、底架、回转支承和小车变幅机构等结构部件组成。

起重臂构造型式为小车变幅水平臂架,它又可分为单吊点、双吊点小车变幅水平臂架和起重臂与平衡臂连成一体的锤头式小车变幅水平臂架。单吊点是小车变幅水平臂架静定结构。双吊点小车变幅水平臂架是超静定结构。锤头式小车变幅水平臂架装设于塔身顶部,状若锤头,塔身如锤柄,不设塔尖,故又叫平头式。其结构形式更简单,具有更有利于受力、减轻自重、简化构造等优点。小车变幅臂架大都采用正三角形截面。

塔身结构也称塔架,是塔机结构的主体。现今塔架均采用方形断面,断面尺寸应用较广的有 1.2 m×1.2 m、1.4 m×1.4 m、1.6 m×1.6 m、2.0 m×2.0 m;塔身标准节常用尺寸是 2.5 m 和 3 m。塔身标准节采用的连接方式,应用最广的是盖板螺栓连接和套柱螺栓连接,其次是承插销轴连接和插板销轴连接。标准节有整体式塔身标准节和拼装式塔身标准节,后者加工精度高,制作难,但是堆放占地小,运费少。塔身节内必须设置爬梯,以便司机及机工上下。爬梯宽度不宜小于 500 mm,梯步间距不大于 300 mm,每 500 mm 设一护圈。当爬梯高度超过 10 m 时,梯子应分段转接,在转接处加设一道休息平台。

塔尖是承受臂架拉绳及平衡臂拉绳传来的上部荷载,并通过回转塔架、转台、承座等结构部件直接将荷载通过转台传递给塔身结构。自升塔顶有截锥柱式、前倾或后倾截锥柱式、人字架式及斜撑架式。

上回转塔机均需设平衡重,其功能是支承平衡,用以产生作用方向与起重力矩方向相反的平衡力矩。除平衡重外,还常在其尾部装设起升机构。起升机构之所以同平衡重一起安放在平衡臂尾端,一是可发挥部分配重作用;二是增大绳卷筒与塔尖导轮间的距离,以利钢丝绳的排绕并避免发生乱绳现象。平衡重的用量与平衡臂的长度成反比关系,而平衡臂长度与起重臂长度之间又存在一定比例关系。平衡重的用量相当可观,轻型塔机一般至少要3~4 t,重型的要近30 t,平衡重可用铸铁或钢筋混凝土制成;前者加工费用高但迎风面积小,后者体积大迎风面大,对稳定性不利,但简单经济,故一般均采用后者。通常的做法是将平衡重预制区分成2~3种规格,宽度、厚度一致,但高度加以调整,以便与不同长度臂架匹配使用。

(二) 起重机械零部件

每台塔机都要用许多种起重零部件,其中数量最大、技术要求严而规格繁杂的是钢丝绳。塔机用的钢丝绳根据功能不同有起升钢丝绳、变幅钢丝绳、臂架拉绳、平衡臂拉绳、小车牵引绳等。

钢丝绳的特点是整根的强度高,而且整根断面大小一样,强度一致,自重轻,能承受震动荷载,弹性大,能卷绕成盘,能在高速下平衡运动,并且无噪声,磨损后其外皮会产生许多毛刺,易于发现并便于处置。钢丝绳通常由一股股直径为0.3~0.4 mm细钢丝搓成绳股,再由股捻成绳。塔机用的钢丝绳是交互捻,特点是不易松散和扭转。就绳股截面形状而言,高层建筑施工用塔机以采用多股不扭转钢丝绳最为适宜。此种钢丝绳由两层绳股组成,两层绳股捻制方向相反,采用旋转力矩平衡的原理捻制而成,受力时自由端不发生扭转。

塔机起升钢丝绳及变幅钢丝绳的安全系数一般取为5~6,小车牵引绳和臂架拉绳的安全系数取为3,塔机电梯升降绳安全系数不得小于10。绝不允许提高钢丝绳的最大允许安全荷载量。由于钢丝绳的重要性,必须加强对钢丝绳的定期全面检查,贮存于干燥、封闭、有木地板或沥青混凝土地面的仓库,以免腐蚀,装卸时不要损坏表面,堆放时要竖立安置。对钢丝绳进行润滑可以提高使用寿命。

变幅小车是水平臂架塔机必备的部件。整套变幅小车由车架结构、钢丝绳、滑轮、行轮、导向轮、钢丝绳承托轮、钢丝绳防脱辊、小车牵引绳张紧器及断绳保险器等组成。对于特长水平臂架,在变幅小车一侧挂一个检修吊篮,可载维修人员前往各检修点进行维修和保养。作业完后,小车驶回臂架根部,使吊篮与变幅小车脱钩,固定在臂架结构上的专设支座处;其他的零部件还有滑轮、回转支承、吊钩和制动器等。

(三) 工作机构

工作机构包括顶升机构、回转机构、起升机构、平衡臂架、起重臂架、小车牵引机构、变幅机构和大车走行机构(行走式的塔机)等。顶升机构用于升高塔机,塔机顶升机构一般用液压机构。回转机构由垂直安装的电动机和减速系统组成,用于保持塔机上半身的水平旋转。起升机构用来提升重物。平衡臂架是保持力矩平衡的。起重臂架一般是提升重物的受力部分。小车牵引机构用来安装滑轮组和钢绳以及吊钩,也是直接受力部分。变幅机构用于使小车沿轨道运行。大车走行机构只有行走式的塔机才有,用于移动塔式起重机的位置。

四、建筑常用的塔式起重机分类

(一) 按塔身回转方式分类

按塔身回转方式可分为上回转式和下回转式。

上回转塔式起重机将回转支承、平衡重、主要机构均设置在上端,优点是由于塔身不回转,可简化塔身下部结构,顶升加节方便;缺点是当建筑物超过塔身高度时,由于平衡臂的影响,限制起重机的回转,同时重心较高,风压增大,压重增加,使整机总重量增加。QT1-6型塔式起重机是轨道式、上(塔身)回转式、动臂变幅式中型塔式起重机。该塔机由底座、塔身、起重臂、塔顶及平衡重物等组成。起重机底座有两种:一种有四个行走轮,只能直线行驶;另一种有八个行走轮,能转弯行驶,内轨半径不小于 5 m。此起重机的最大起重力矩为 510 kN·m,

最大起重量60 kN,最大起重高度40.60 m,最大起重半径20 m,能转弯行驶,可根据需要适当增加塔身节数以增加起重高度,故适用面较广;但其重心高,对整机稳定及塔身受力不利,装拆费工时。

下回转塔式起重机将回转支承、平衡重、主要机构等均设置在下端,优点是塔式所受弯矩较少,重心低,稳定性好,安装维修方便;缺点是对回转支承要求较高,安装高度受到限制。QT1-2型是下(塔身)回转式、动臂变幅式、轨道行走式塔式起重机。这种起重机主要由底盘、塔身和起重臂组成,它可以折叠,能整体运输,起重量1~2 t,起重力矩160 kN·m;其特点是重心低、转动灵活、稳定性好、运输和安装方便,但回转平台较大,起重高度小,适用于五层以下民用建筑结构安装及预制构件厂装卸作业。

(二)按起重臂的构造特点分类

塔机按起重臂的构造特点可分为动臂变幅式和小车变幅式。

动臂变幅式塔是靠起重臂升降来实现变幅的,其优点是能充分发挥起重臂的有效高度,机构简单;缺点是最小幅度被限制在最大幅度的30%左右,不能完全靠近塔身,变幅时负荷随起重臂一起升降,不能带负荷变幅。

小车变幅式是靠水平起重臂轨道上安装的小车行走实现变幅的,其优点有以下几个方面:变幅范围大,载重小车可驶近塔身,能带负荷变幅。缺点是起重臂受力情况复杂,对结构要求高,且起重臂和小车必须处于建筑物上部,塔尖安装高度比建筑物屋面要高出15~20 m。

(三)按能否自行搭设分类

塔机按能否自行搭设可分为快装式和借助辅机拆装。能自行架设的快装式塔机属于中小型下回转塔机,主要用于工期短、要求频繁移动的低层建筑上,其主要优点是能提高工作效率,节省安装成本,省时省工省料;缺点是结构复杂,维修量大。需借助辅机拆装的塔式起重机主要用于中高层建筑及工作幅度大、起重量大的场所,是目前建筑工地上的主要机种。

(四) 按有无行走机构分类

塔机按有无行走机构可分为移动式和固定式。移动式塔式起重机根据行走装置的不同可分为轨道式、轮胎式、汽车式、履带式四种。轨道式塔式起重机塔身固定于行走底架上，可在专设的轨道上运行，稳定性好，能带负荷行走，工作效率高，因而广泛应用于建筑安装工程。固定式塔式起重机的塔身一般可随着建筑物高度上升而接高，适用高层建筑施工。

(五) 按有无塔头的结构分类

塔机按有无塔头的结构可分为平头式和尖头式。平头塔式起重机是近几年发展起来的一种新型塔式起重机，在原自升式塔式起重机的结构上取消了塔尖及其前后拉杆部分，增强了大臂和平衡臂的结构强度，大臂和平衡臂直接相连，其优点主要有以下几个方面：①整机体积小，安装便捷安全，降低运输和仓储成本；②起重臂耐受性能好，受力均匀一致，对结构及连接部分损坏小；③部件设计可标准化、模块化，互换性强，减少设备闲置，提高投资效益。其缺点是在同类型塔式起重机中平头塔式起重机价格稍高。尖头塔式起重机是现在普遍采用的塔机，结构合理，节省材料。

(六) 按塔身升高方式分类

塔机按塔身升高方式可分为附着自升式和内爬式两种。

第一，附着自升式塔式起重机能随建筑物升高而升高，建筑结构仅承受由起重机传来的水平载荷，附着方便，但占用结构用钢多，适用于高层建筑。自升是指随着建筑物的增高，利用液压顶升系统而逐步自行接高塔身。自升塔式起重机的液压顶升系统主要有顶升套架、长行程液压千斤顶、支承座、顶升横梁、引渡小车、引渡轨道及定位销等。起重机自升及塔身接高过程如图6-1所示。液压千斤顶的缸体装在塔吊上部结构的底端支承座上，活塞杆通过顶升横梁支承在塔身顶部。

自升时液压千斤顶顶升塔顶,将标准节推入塔身,安装好标准节之后,把塔顶与塔身连成整体。

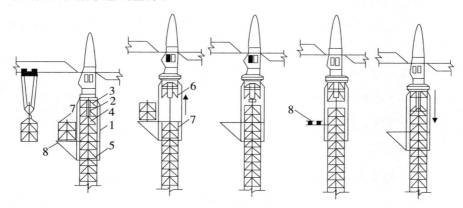

图6-1　起重机自升及塔身接高过程

1——顶升套架;2——液压千斤顶;3——支承座,4——顶升横梁;5——定位销;
6——过渡节;7——标准节;8——摆渡小车

第二,内爬式塔式起重机在建筑物内部(电梯井、楼梯间),借助一套托架和提升系统进行爬升,顶升较烦琐,但占用结构用钢少,不需要装设基础,全部自重及载荷均由建筑物承受。内爬式塔式起重机由底座、套架、塔身、塔顶、行车式起重臂、平衡臂等组成。它安装在高层装配式结构的框架梁或电梯间结构上,每安装 1～2 层楼的构件,便靠一套爬升设备使塔身沿建筑物向上爬升一次。这类起重机主要用于高层框架结构安装及高层建筑施工,型号有 QT5-4/40 型、QT3-4 型等,其特点是机身小、重量轻、安装简单、不占用建筑物外围空间,适用于现场狭窄的高层建筑结构。但是,采用这种起重机施工,将增加建筑物的造价;司机的视野不开阔;需要一套辅助设备用于起重机拆卸。

内爬式塔式起重机的爬升过程,首先,起重小车回至最小幅度,下降吊钩并用吊钩吊住套架的提环;其次,放松固定套架的地脚螺栓,将其活动支腿收进套架梁内,将套架提升两层楼高度,摇出套架活动支腿,用地脚螺栓固定;最后,松开底座地脚螺栓,收回其活动支腿,开动爬升机构将起重机提升两层楼高度,拔出底座活动支腿,用地脚螺栓固定。

五、对塔式起重机整机的要求

第一,塔机的工作条件应满足以下几个方面:工作环境温度为−20 ~ 40 ℃,特殊要求可按协议执行;塔机的利用等级、载荷状态应符合设计规定的工作级别;工作电源电压的允许偏差为其公称值±10%。

第二,塔机的抗倾翻稳定性应符合《塔式起重机》(GB/T 5031—2019)中有关"抗倾翻稳定性"的规定。

第三,自升式塔机在加节作业时,任一顶升循环中即使顶升油缸的活塞杆全程伸出,塔身上端面至少应比顶升套架上排导向滚轮(或滑套)中心线高 60 mm。

第四,塔机应保证在工作和非工作状态时,平衡重及压重在其规定位置上不位移、不脱落,平衡重块之间不得互相撞击。当使用散粒物料作平衡重时应使用平衡重箱,平衡重箱应防水,保证重量准确、结构稳定。

第五,在塔身底部易于观察的位置应固定产品标牌。由于塔机司机流动性大,要求在塔机司机室内易于观察的位置设置常用操作数据的标牌或显示屏。标牌或显示屏的内容应包括幅度载荷表、主要性能参数、各起升速度档位的起重量等。标牌或显示屏应牢固、可靠,字迹清晰、醒目。

第六,塔机使用说明书应包括的内容有主要性能参数:外形尺寸、整体运输时的离地间隙、通过半径、接近角、离去角、最大桥荷;各部件重量;配重和压重图样、安装固定的位置和方法;行走轨道、固定基础、附着锚固、内爬基础的图样,承受载荷的大小和方向组合;主要机构和系统原理图、传动示意图;安装、架设、拆卸、拖运程序和方法,使用工具和设备,场地证编号要求;安装、架设后的试验与调整;安全装置的种类、位置原理、调整方法与要求:操作方法;维修保养要求;其他特殊说明和各种明细表。

说明书还应包括以下内容:根据塔机主要承载结构件使用材料的低温力学性能、机构的使用环境温度范围及有关因素决定塔机的使用温度、正常工作年限或者利用等级、载荷状态、工作级别以及各种工况的许用风压;安全装置的调整方法、调整参数及误差指标;对于在安装起重臂前先安装平衡重块的塔机,应注明平衡重块的数量、规格及位置;起重臂组装完毕后,对其连接用销轴、安装定位板等连接件的检查项目和检查方法;在塔身加节、降节的安全作业步骤,使用的平衡措施及检查部位和检查项目;所用钢丝绳的型式、规格和长度;高强度螺栓所需的预紧力或预紧力矩及检查要点;起重臂、平衡臂各组合长度的重心及拆装吊点的位置。

第七,使用单位应建立塔机设备档案,档案至少应包括以下几点:每次安装地点、使用时间及运转台班记录;每次启用前进行常规检验的记录;塔机用户除需进行日常维护、保养和检查外,还应按规定进行正常使用时的常规检验。常规检验在每次转移工地、安装后进行,在同一地点工作的每年进行一次,但安全装置需要每半年进行一次;重大故障修复后也要做常规检验,常规检验的项目包括对抽样机进行性能试验和安全装置检验;常规检验应由用户主管工程师或委托检测单位完成;大修、更换主要零部件、变更、检查和试验等记录;设备、人身事故记录;设备存在的问题和评价。

第二节 塔式起重机的结构、机构和零部件检验技术

一、塔式起重机的结构检验技术

(一) 对塔式起重机梯子、扶手和护圈的检验要求

第一,不宜在与水平面呈65°～75°的位置设置梯子。

第二,与水平面呈不大于65°的阶梯两边应设置不低于1 m高的扶手,该扶手支撑于梯级两边的竖杆上,每侧竖杆中间应设有横杆。

第三，阶梯的踏板应采用具有防滑性能的金属材料制作，踏板横向宽度不小于 300 mm，梯级间隔不大于 300 mm，扶手间宽度不小于 60 mm。

第四，与水平面呈 75°～90° 的直梯应满足下列条件：边梁之间的宽度不小于 30 mm；踏杆间隔为 250～300 mm；踏杆与后面结构件间的自由空间（踏脚间隙）不小于 160 mm；边梁应可以抓握且没有尖锐边缘；踏杆直径不小于 16 mm，且不大于 40 mm；踏杆中心 0.1 m 范围内承受 1200 N 的力时，无永久变形；塔身节间边梁的断开间隙不应大于 40 mm。

第五，高于地面 2 m 以上的直梯应设置护圈，护圈应满足下列条件：直径为 600～800 mm；侧面应用 3 条或 5 条沿护圈圆周方向均布的竖向板条连接；护圈的最大间距条件是侧面有 3 条竖向板条时为 900 mm，侧面有 5 条竖向板条时为 500 mm，任何一个 0.1 m 的范围内可以承受 1000 N 的垂直力时，无永久变形。

第六，当梯子设于塔身内部时，塔身结构满足以下条件，且侧面结构不允许直径为 60 mm 的球体穿过时，可不设护圈：正方形塔身边长不大于 750 mm；等边三角形塔身边长不大于 1100 mm；直角等腰三角形塔身边长不大于 1100 mm 或梯子沿塔身对角线方向布置，边长不大于 1100 mm；筒状塔身直径不大于 1000 mm；快装式塔机。

（二）平台、走道、踢脚板和栏杆

第一，在操作、维修处应设置平台、走道、踢脚板和栏杆。

第二，离地面 2 m 以上的平台和走道应用金属材料制作，并具有防滑性能。在使用圆孔、栅格或其他不能形成连续平面的材料时，孔或间隙的大小不应使直径为 20 mm 的球体通过。在任何情况下，孔或间隙的面积应小于 400 mm²。

第三，平台和走道宽度不应小于 500 mm，局部有妨碍处可以降至 400 mm。平台和走道上操作人员可能停留的每一个部位都不应发生永久变形，且能承受以下载荷：2000 N 的力通过直径为 125 mm 圆盘施加在平台表面的任何位置;450 N/m²的均布载荷。

第四,平台或走道的边缘应设置不小于100 mm高的踢脚板。在需要操作人员穿越的地方,踢脚板的高度可以降低。

第五,离地面2 m以上的平台及走道应设置防止操作人员跌落的手扶栏杆。手扶栏杆的高度不应低于1 m,并能承受100 N的水平移动集中载荷。在栏杆一半高度的位置应设置中间手扶横杆。

第六,除快装式塔机外,当梯子高度超过10 m时应设置休息小平台。梯子的第一个休息小平台应设置在不超过12.5 m的高度处,以后每隔10 m内设置一个。当梯子的终端与休息小平台连接时,梯级踏板或踏杆不应超过小平台平面,护圈和扶手应延伸到小平台栏杆的高度。休息小平台平面距下面第一个梯级踏板或踏杆的中心线不应大于150 mm。如梯子在休息小平台处不中断,则护圈也不应中断,但应在护圈侧面开一个宽为0.5 m,高为1.4 m的洞口,以便操作人员出入。

(三)起重臂走道

第一,起重臂符合下列情况之一时,可不设置走道:截面高度小于0.58 m;快装式塔机、变幅小车上设有与小车一起移动的挂篮①。

第二,对于正置式三角形的起重臂,走道的设置如下:起重臂断面内净空高度 h 等于或大于1.8 m时,走道及扶手应设置在起重臂的内部,且至少应设置一边扶手,扶手安装在走道上部1 m处。净空高度 h 是指人的头和脚两平面内均能满足300 mm净宽度前提下的高度。起重臂高度 H 大于或等于1.5 m,起重臂断面内净空高度 h 小于1.8 m时,走道及扶手应沿着起重臂架的一侧设置;起重臂高度 H 大于或等于0.85 m,且小于1.5 m时,走道及扶手应沿着臂架的一侧设置。对于倒置式三角形的起重臂,走道的设置如下:起重臂断面内净空高度 h 大于或等于1.8 m时,走道及扶手应设置在起重臂的内部,且至少应设置一边扶手,扶手安装在走道上部1 m处。

①徐绍帅.塔式起重机起重臂虚拟检验技术的研究[D].沈阳:沈阳建筑大学,2012.

第三,当起重臂是格构式时,起重臂断面内净空高度 h 大于或等于 1.5 m,走道及扶手应设置在起重臂的内部,且至少应设置一边扶手,扶手安装在走道上部 1 m 处。

(四) 司机室

第一,司机室应按提高司机的安全性、适用性,改善人机作业环境,增加耐受环境的条件设置,并满足小车变幅的塔机起升高度超过 30 m 的,动臂变幅塔机起重臂铰点高度距轨顶或支承面高度超过 25 m 的,在塔机上部应设置一个有座椅并能与塔机一起回转的司机室。

第二,司机室不能悬挂在起重臂上。在正常工作情况下,塔机的活动部件不应撞击司机室。如司机室安装在回转塔身结构内,则应保证司机的视野开阔。

第三,司机室门、窗玻璃应使用钢化玻璃或夹层玻璃。司机室正面玻璃应设有雨刷器。可移动的司机室应设有安全锁止装置。

第四,司机室内应配备符合消防要求的灭火器。

第五,对于安置在塔机下部的操作台,在其上方应设置顶棚。顶棚应满足承压试验:将质量为 102 kg、底面长宽各为 25 cm 的试块平稳地放在司机室顶棚上最薄弱处,时间不得少于 10 min;卸载后,顶棚上不得有任何变形,所有焊缝均不得出现裂纹。

第六,司机室应具备通风、保暖和防雨的条件,内壁应采用防火材料,地板应铺设绝缘层。当司机室内温度低于 5 ℃时,应装设非明火取暖装置;当司机室内温度高于 35 ℃时,应装设防暑通风装置。

第七,司机室的落地窗应设有防护栏杆。

(五) 结构件的报废及工作年限

第一,塔机主要承载结构件由于腐蚀或磨损而使结构的计算应力提高,当超过原计算应力的 15% 时应予报废;对无计算条件的,当腐蚀深度达原厚度的 10% 时应予报废。

第二,塔机主要承载结构件如塔身、起重臂等,失去整体稳定性时应报废;如局部有损坏并可修复的,则修复后不应低于原结构的承载能力。

第三,塔机的结构件及焊缝出现裂纹时,应根据受力和裂纹情况采取加强或重新施焊等措施,并在使用中定期观察其发展;对无法消除裂纹影响的应予以报废。

第四,塔机主要承载结构件的正常工作年限按使用说明书要求或按使用说明书中规定的结构工作级别、应力循环等级、结构应力状态计算。若使用说明书未对正常工作年限、结构工作级别等做出规定,且不能得到塔机制造商规定的,则塔机主要承载结构件的正常使用不应超过 $1.25×10^5$ 次工作循环。

(六) 自升式塔机结构件标志

塔机的塔身标准节、起重臂节、拉杆、塔帽等结构件应具有可追溯出厂日期的永久性标志。同一塔机的不同规格的塔身标准节应具有永久性的区分标志,以防止塔机后续补充的主要承载结构件达不到原塔机性能要求而导致安全事故发生。

(七) 自升式塔机后续补充结构件要求

自升式塔机出厂后,后续补充的结构件(塔身标准节、预埋节、基础连接件等)在使用中不应降低原塔机的承载能力,且不能增加塔机结构的变形。对于顶升作业,不应降低原塔机滚轮(滑道)间隙的精度、滚轮(滑道)接触重合度、踏步位置精度的级别。对于安装拆卸作业,不应降低原塔机连接销轴孔、连接螺栓孔安装精度的级别。

二、对塔式起重机机构及零部件的要求

(一) 一般要求

在正常工作或维修时,机构及零部件的运动对人体可能造成危险的,应设有防护装置。应采取有效措施,防止塔机上的零件掉落造成危险。可拆卸的零部件如盖、箱体及外壳等应与支座牢固连接,防止掉落。

(二) 钢丝绳

塔机起升钢丝绳应优先使用不旋转钢丝绳。未采用不旋转钢丝绳时,其绳端应设有防扭装置,以防止钢丝绳在空中旋转,造成起吊过程中出现的不必要麻烦。钢丝绳的安装、维护、保养、检验及报废应符合有关规定。

(三) 吊钩

吊钩的选择、制造、使用检查、质量及检验都应符合相应标准的规定。吊钩禁止补焊,有下列情况之一的应予以报废:用20倍放大镜观察表面有裂纹;钩尾和螺纹部分等危险截面及钩筋有永久性变形的情况;挂绳处截面磨损量超过原高度的10%;心轴磨损量超过其直径的5%;开口度比原尺寸增加15%。

(四) 卷筒和滑轮

卷筒和滑轮的最小卷绕直径应进行计算,计算式为 $D_{0min}=k_hd_r$;式中 D_{0min}——按钢丝绳中心计算的卷筒和滑轮的最小卷绕直径,单位为 mm;k_h——与机构工作级别和钢丝绳结构有关的系数,按表6-1选取;d_r——钢丝绳直径,单位为 mm。卷筒两侧边缘超过最外层钢丝绳的高度不应小于钢丝绳直径的2倍。钢丝绳在卷筒上的固定应安全可靠,且符合钢丝绳端部的固接中的有关要求。钢丝绳在放出最大工作长度后,卷筒上的钢丝绳至少应保留3圈。当最大起重量不超过1 t时,小车牵引机构允许采用摩擦牵引方式。卷筒和滑轮有下列情况之一的应予以报废:裂纹或轮缘破损;卷筒壁磨损量达原壁厚的10%;滑轮绳槽壁厚磨损量达原壁厚的20%;滑轮槽底的磨损量超过相应钢丝绳直径的25%。

表6-1 系数 k_h

机构工作级别	卷筒 k_h		滑轮 k_h	
	普通钢丝绳	不旋转钢丝绳	普通钢丝绳	不旋转钢丝绳
M1～M3	14	16	16	18

机构工作级别	卷筒 k_h		滑轮 k_h	
M4	16	18	18	20
M5	18	20	20	22.4
M6	20	22.4	22.4	25

(五) 制动器

第一, 塔机的起升、回转、变幅、行走机构都应配备制动器。对于电力驱动的塔机, 在产生大的电压降或在电气保护组件动作时, 不允许导致各机构的动作失去控制。动臂变幅的塔机, 应设有维修变幅机构时能防止卷筒转动的可靠装置。

第二, 一些设计和制造商以蜗轮蜗杆减速器当作"具有同等制动功能装置"的习惯理解和做法, 是不对的。在此明确蜗轮蜗杆减速器自锁装置不能代替制动器。

第三, 各机构制动器的选择应符合以下要求: 起升机构的驱动装置至少要装设一个支持制动器。该支持制动器应是常闭式的, 推荐支持制动器与控制制动器并用。控制制动器可以是电气式的, 如再生制动器、反接制动器、能耗制动器及涡流制动器等, 也可以是机械式的。控制制动器仅用来消耗动能, 使物品安全减速。在与控制制动器并用时, 支持制动器的最低制动安全系数仍应满足上述要求。

第四, 制动器零件有下列情况之一的应予以报废: 可见裂纹; 制动块摩擦衬垫磨损量达原厚度的50%; 制动轮表面磨损量达 1.5 ~ 2 mm; 弹簧出现塑性变形; 电磁铁杠杆系统空行程超过其额定行程的10%。

(六) 车轮

车轮的计算、选择应符合《塔式起重机设计规范》(GB/T 13752—2017)中的有关规定; 车轮的技术要求应符合有关标准的规定; 车轮如有可见裂纹、车轮踏面厚度磨损量达原厚度的15%、车轮轮缘厚度磨损量达原厚度的50%的情况应予以报废。

第三节 塔式起重机的安全装置、操纵和液压系统的检验技术

一、塔式起重机的安全装置检验技术

起重机的所有安全装置应保持灵敏有效,如发现安全装置失灵的,应及时修复或更换。所有安全装置调整后,应加封(火漆或铅封)固定,严禁擅自调整。

(一)起重量限制器检验技术

塔机应安装起重量限制器。如设有起重量显示装置,则其数值误差不应大于实际值的±5%。当起重量大于相应档位的额定值并小于该额定值的110%时,起重量限制器应切断上升方向的电源,但机构可作下降方向的运动。

(二)起重力矩限制器检验技术

检验技术分为以下几点:①塔机应安装起重力矩限制器。如设有起重力矩显示装置,则其数值误差不应大于实际值的±5%;②当起重力矩大于相应工况下的额定值或小于该额定值的10%时,应切断上升和幅度增大方向的电源,但机构可作下降和减小幅度方向的运动;③起重力矩限制器控制定码变幅的触点和控制定幅变码的触点应分别设置,且能分别调整;④对小车变幅的塔机,其最大变幅速度超过40 m/min,在小车向外运行,且起重力矩达到额定值的80%时,变幅速度应自动转换为不大于40 m/min。

(三)行程限位装置检验技术

1. 行走限位装置检验技术

轨道式塔式起重机行走机构应在每个运行方向设置行程限位开关。在轨道上应安装限位开关碰铁,其安装位置应充分考虑塔式起重机的制动行程,保证塔式起重机在与止挡装置或与同一轨道上其他塔式起重机

距离大于1 m的位置能完全停住,此时电缆线还应有足够的富余长度[①]。

2.幅度限位装置检验技术

小车变幅的塔式起重机,应设置小车行程幅度限位开关。动臂变幅的塔式起重机应设置臂架低位置和臂架高位置的幅度限位开关,以及防止臂架反弹后翻的装置。

3.起升高度限位器检验技术

塔机应安装吊钩上极限位置的起升高度限位器。对动臂变幅的塔式起重机,当吊钩装置顶部升至起重臂下端的最小距离800 mm处时,该限位器应立即停止起升运动。对小车变幅的塔机,吊钩装置顶部至小车架下端的最小距离根据塔式起重机型式及起升钢丝绳的倍率而定。上回转式塔式起重机2倍率时为1000 mm,4倍率时为700 mm;下回转塔式起重机2倍率时为800 mm,4倍率时为400 mm,此时,起升高度限位器应立即停止起升运动。吊钩下极限位置的限位器,可根据用户要求设置。

4.回转限位器检验技术

回转部分不设集电器的塔式起重机,应安装回转限位器。塔式起重机回转部分在非工作状态下应能自由旋转;对有自锁作用的回转机构,应安装安全极限力矩联轴器。

(四) 小车断绳保护装置检验技术

小车变幅的塔式起重机变幅的双向均应设置断绳保护装置。

(五) 小车断轴保护装置检验技术

小车变幅的塔式起重机,应设置变幅小车断轴保护装置,即使轮轴断裂,小车也不会掉落,以增加应急防御能力。

(六) 钢丝绳防脱装置检验技术

滑轮、起升卷筒及动臂变幅卷筒均应设有钢丝绳防脱装置,该装

[①]喻乐康,孙在鲁,黄时伟.塔式起重机安全技术[M].北京:中国建材工业出版社,2014.

置与滑轮或卷筒侧板最外缘的间隙不应超过钢丝绳直径的20%。吊钩应设有防钢丝绳脱钩的装置,以防止处于高空的滑轮钢丝绳因挡绳间隙过大,钢丝绳从吊钩中脱出。

(七) 风速仪检验技术

起重臂根部铰点高度大于50 m的塔机,应配备风速仪。当风速大于工作极限风速时,风速仪能发出停止作业的警报。风速仪应设在塔式起重机顶部的不挡风位置。

(八) 夹轨器检验技术

轨道式塔机应安装夹轨器,使塔机在非工作状态下不能在轨道上移动。

(九) 缓冲器、止挡装置检验技术

塔机行走和小车变幅的轨道行程末端均需设置止挡装置。缓冲器安装在止挡装置或塔机(变幅小车)上,当塔机(变幅小车)与止挡装置撞击时,缓冲器应使塔机(变幅小车)较平稳地停车而不产生猛烈的冲击。

(十) 清轨板检验技术

轨道式塔机的台车架上应安装排障清轨板,清轨板与轨道之间的间隙不应大于5 mm。

(十一) 顶升横梁防脱功能检验技术

自升式塔机应具有防止塔身在正常加节、降节作业时,顶升横梁从塔身支承中自行脱出的功能。

二、对塔式起重机操纵和液压系统的检验技术要求

(一) 塔式起重机操纵系统检验技术

操纵系统的设计和布置应能避免发生误操作的可能性,使塔式起重机在正常使用中能安全可靠地运行;应按人机工程学有关的功能要求设置所有控制手柄、手轮、按钮和踏板,并应有宽裕的操作空间。对

于手柄控制或轮式控制器,一般选择右手控制起升和行走机构,左手控制回转和小车变幅或动臂变幅机构。采用手柄控制操作时,机构运动方向应与图6-2及表6-2规定的手柄方向一致。

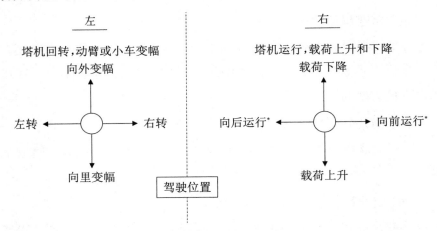

图6-2　机构方向与动图

表6-2　机轮运动方向和手柄运动方向

机构运动方向		手柄方向
起升、变幅机构	上升、向里变幅	向着司机(手柄向后)
	下降、向外变幅	离开司机(手柄向前)
回转机构	向右回转 向左回转	手柄向右 手柄向左
行走机构	可根据司机位置和习惯调整方向	

采用轮式控制器操作时,机构运动方向应与表6-3规定的手轮旋转方向一致。

表6-3　机轮运动方向与手轮旋转方向

机构运动方向	手轮旋转方向
上升、向里变幅,向右回转	顺时针旋转
下降、向外变幅,向左回转	逆时针旋转

手柄或操纵杆的操作应轻便灵活,操作力不应大于100 N,操作行程不应大于40 mm;踏板的操作力不应大于200 N,脚踏行程不应大于

20 mm。在一般情况下,宜使用如下数值:对于左右向的操纵杆,操作力为 5~40 N;对于前后向的操纵杆,操作力为 8~60 N;对于踏板,操作力为 10~150 N。在所有的手柄、手轮、按钮及踏板的附近处,应有表示用途和操作方向的标志。标志应牢固、可靠,字迹清晰、醒目。

(二) 塔式起重机液压系统

第一,液压系统应有防止过载和液压冲击的安全装置。安全溢流阀的调定压力不应大于系统额定工作压力的 110%,系统的额定工作压力不应大于液压泵的额定压力。

第二,顶升液压缸应具有可靠的平衡阀或液压锁,平衡阀或液压锁与液压缸之间不应用软管连接。

第四节　塔式起重机安装、拆卸、操作检验技术

一、塔式起重机安装、拆卸检验技术

由于高层建筑的迅速增加,塔式起重机已成为建筑施工的主要起重吊装机械,国外机械大量引进,国产新机型也发展很快,规格型号不断更新,技术性能日益提高。起重机的拆装必须由取得建设行政主管部门颁发的拆装资质证书的专业队进行,并应有技术和安全人员在场监护。

(一) 塔式起重机安装、拆卸前的技术检查

塔式起重机安装、拆卸及开展塔身加节或降节作业时,应按说明书的有关规定及注意事项进行。

第一,路基和轨道铺设或混凝土基础应符合技术要求;对所拆装起重机的各机构、各部位、结构焊缝、重要部位螺栓和销轴、卷扬机构和钢丝绳、吊钩、吊具以及电气设备、线路等进行检查,使隐患排除在

拆装作业之前；对自升塔式起重机顶升液压系统的液压管和油管、顶升套架结构、导向轮、顶升撑脚(爬爪)等进行检查，及时处理存在的问题；对旋转塔身所用的主副地锚架、起落塔身卷扬钢丝绳以及起升机构制动系统等进行检查，确认无误后方可使用；对拆装人员所使用的工具、安全带、安全帽等进行检查，不合格者立即更换；检查拆装作业中配备的起重机、运输汽车等辅助机械，应状况良好，技术性能应满足拆装作业的需要；拆装现场电源电压、运输道路、作业场地等应具备拆装作业条件；安全监督岗的设置及安全技术措施的贯彻落实要达到相应的要求[①]。

第二，架设前应对塔机自身的架设机构进行检查，保证机构处于正常状态。

第三，塔机在安装、增加塔身标准节之前应对结构件和高强度螺栓进行检查，若发现下列问题应修复或更换后方可进行安装：目视可见的结构件裂纹及焊缝裂纹；连接件的轴、孔严重磨损；结构件母材严重锈蚀；结构件整体或局部塑性变形，销孔塑性变形。

(二) 塔式起重机安装、拆卸作业技术检验条件

第一，安装、拆卸、加节或降节作业时，塔式起重机的最大安装高度处的风速不应大于13 m/s，当有特殊要求时，按用户和制造厂的协议执行。

第二，起重机拆装前，应按照使用说明书的有关规定，编制拆装作业方法、质量要求和安全技术措施，经企业技术负责人审批后，作为拆装作业技术方案，并向全体作业人员交底。

第三，指挥人员应熟悉拆装作业方案，遵守拆装技术和操作规程，使用明确的指挥信号进行指挥。所有参与拆装作业的人员，应听从指挥，如发现指挥信号不清晰或有错误时，应停止作业，待联系清楚后再进行。

①广东省住房和城乡建设厅. 建筑塔式起重机安装检验评定规程[M]. 北京：中国建筑工业出版社,2010.

第四,拆装人员在进入工作现场时,应穿戴安全保护用品,高处作业时应系好安全带,熟悉并认真执行拆装技术和操作规程,当发现异常情况或疑难问题时,应及时向技术负责人反映。

第五,在拆装上回转、小车变幅的起重臂时,应根据使用说明书的拆装要求进行,并应保持起重机的平衡。这是因为上回转塔式起重机通过平衡臂与起重臂保持机身平衡,在拆装平衡臂与起重臂过程中,需要注意保持机身的平衡。

第六,采用高强度螺栓连接的结构,应使用原生产厂制造的连接螺栓,自制螺栓应有质量合格的试验证明,否则不得使用。连接螺栓时,应采用扭矩扳手或专用扳手,并按装配技术要求拧紧。

第七,在拆装作业过程中,若遇天气剧变、突然停电、机械故障等意外情况,短时间不能继续作业时,必须使已拆装的部位达到稳定状态并固定牢靠,经检查确认无隐患后,方可停止作业。安装起重机时,必须将大车行走缓冲止挡器和限位开关碰块安装牢固可靠,并应将各部位的栏杆、平台、扶杆、护圈等安全防护装置装齐。

第八,在拆除因损坏或其他原因而不能用正常方法拆卸的起重机时,必须按照经批准的拆卸作业技术方案进行。对于因损坏或其他原因不能用正常方法拆卸的起重机,要求采用特殊的拆装方案的,需要经过审批,郑重对待,以保证安全。

第九,起重机安装过程中,必须分阶段进行技术检验。整机安装完毕后,应进行整机技术检验和调整,使各机构动作正确、平稳、无异响,制动可靠,各安全装置应灵敏有效;在无载荷情况下,塔身和基础平面的垂直度允许偏差为4/1000。经分阶段及整机检验合格后,应填写检验记录,经技术负责人审查签证后,方可交付使用。

第十,塔式起重机的尾部与周围建筑物及其外围施工设施之间的安全距离不小于0.6 m。

第十一,有架空输电线的场合,塔机的任何部位与输电线的安全距离,应符合表6-4的规定;如因条件限制不能保证表6-4给出的安全距离,应与有关部门协商,并采取安全防护措施后方可架设。

表6-4 塔机的任何部位与输电线的安全距离

安全距离(m)	电压(kV)				
	<1	1~15	20~40	60~110	220
沿垂直方向(m)	1.5	3.0	4.0	5.0	6.0
沿水平方向(m)	1.0	1.5	2.0	4.0	6.0

第十二,两台塔式起重机之间的最小架设距离应保证处于低位塔式起重机的起重臂端部与另一台塔式起重机的塔身之间至少有2 m的距离;处于高位塔式起重机的最低位置的部件(吊钩升至最高点或平衡重的最低部位)与低位塔式起重机中处于最高位置部件之间的垂直距离不应小于2 m。

(三) 塔式起重机轨道、基础的安全技术检验要求

第一,混凝土基础的安全技术检验要求为混凝土基础应能承受工作状态和非工作状态下的最大载荷,并应满足塔式起重机抗倾翻稳定性的要求;混凝土强度等级不低于C35,基础表面平整度允许偏差1/1000。

第二,路基承载能力为以下几种:轻型(起重量30 kN以下),应为60~100 kPa;中型(起重量31~150 kN),应为101~200 kPa;重型(起重量150 kN以上),应为200 kPa以上。

第三,固定式塔式起重机使用的混凝土基础应满足抗倾翻稳定性计算及地面压应力的强度条件。使用单位应根据塔式起重机原生产厂提供的载荷参数设计制造混凝土基础。埋设件的位置、标高和垂直度以及施工技术符合说明书要求。若采用塔式起重机生产厂推荐的混凝土基础,固定支腿、预埋节和地脚螺栓应按生产厂规定的方法使用。起重机的轨道基础两旁、混凝土基础周围应修筑边坡和排水设施,并应与基坑保持一定安全距离,保证路基无积水。

第四,起重机的金属结构、轨道及所有电气设备的金属外壳,应有可靠的接地装置,接地电阻不应大于4 Ω。

第五,当塔式起重机轨道敷设在地下建筑物(如暗沟、防空洞等)的上面时,应采取加固措施。对碎石基础,敷设碎石前的路面应按设计要求压实,碎石基础应整平捣实,轨枕之间应填满碎石。每月或连续大雨后,应及时对轨道基础进行全面检查,检查内容包括轨距偏差,钢轨顶面的倾斜度,轨道基础的弹性沉陷,钢轨的不直度及轨道的通过性能等。对混凝土基础,应检查其是否有不均匀的沉降。

第六,塔机轨道敷设的安全要求有以下几个方面:轨道应通过垫块与轨枕可靠地连接,每间隔6 m应设一个轨距拉杆。钢轨接头处应有轨枕支承,不应悬空。在使用过程中轨道不应移动。轨距允许误差不大于公称值的1/1000,其绝对值不大于3 mm或6 mm。6 mm是最低标准,一般应达到3 mm。塔式起重机安装后,轨道顶面纵、横方向上的倾斜度,不得大于1/1000,对于上回转塔机应不大于3/1000,对于下回转塔机应不大于5/1000。在轨道全程中,轨道顶面任意两点的高度差应小于100 mm。钢轨接头间隙不得大于4 mm,并应与另一侧轨道接头错开,错开距离不得小于1.5 m,接头处应架在轨枕上,两轨顶高度差不得大于2 mm,鱼尾板连接螺栓应紧固,垫板固定牢靠。距轨道终端1 m处必须设置缓冲止挡器,其高度不应小于行走轮的半径;在距轨道终端2 m处必须设置限位开关碰块。

二、塔式起重机操作技术检验

(一) 塔式起重机操作管理技术检验

第一,塔机的操作人员应有建筑起重机械司机、建筑起重机械安装拆卸工、建筑起重信号司索工等应具有有关部门发放的资格证书。

第二,每台作业的塔式起重机司机室内应备有一份有关操作维修内容的使用说明书。

第三,在正常工作情况下,应按指挥信号进行操作,但对特殊情况的紧急停车信号,不论任何人发出,都应立即执行。

(二) 塔式起重机作业前的检查

第一,检查轨道基础,应平直无沉陷,鱼尾板连接螺栓及道钉无松动,并应清除轨道上的障碍物,松开夹轨器并向上固定好。

第二,应进行空载运转,试验各工作机构是否运转正常,有无噪声及异响,各机构的制动器及安全防护装置是否有效,确认正常后方可作业。

(三) 塔式起重机起动、送电前的技术检查

起动前重点检查项目包括金属结构和工作机构的外观正常;各安全装置和各指示仪表齐全完好;各齿轮箱、液压油箱的油位符合规定;主要部位连接螺栓无松动;钢丝绳磨损情况及各滑轮穿绕符合规定;供电电缆线无破损。

送电前技术检查包括各控制器手柄应在零位。当接通电源时,应采用试电笔检查金属结构部分,确认无漏电后,方可上机。

(四) 塔式起重机的运行检验技术

第一,应根据起吊重物和现场情况,选择适当的工作速度,操纵各控制器时应从停止点(零点)开始,依次逐级增加速度,严禁越档操作。在变换运转方向时,应将控制器手柄扳到零位,待电动机停转后再转向另一方向,不得直接变换运转方向、突然变速或制动。

第二,在吊钩提升、起重小车或行走大车运行到行程限位开关前,均应减速缓行到停止位置,并应与行程限位开关保持一定距离。严禁采用限位装置作为停止运行的控制开关。

第三,动臂式起重机的起升、回转、行走可同时进行,变幅应单独进行,每次变幅后应对变幅部位进行检查。允许带载变幅的塔式起重机,当载荷达到额定起重量的90%及以上时,严禁变幅。动臂式起重机的变幅机构一般采用蜗杆减速器传动,要求动作平衡,变幅时起重量随幅度变化而增减。因此,当载荷接近额定起重量时,不能再变幅,

以防超载造成起重机倾倒。

第四,提升重物,严禁自由下降。重物就位时,可采用慢就位机构或利用制动器使之缓慢下降。提升重物作水平移动时,应高出其跨越的障碍物 0.5m 以上。

第五,对于无中央集电环及起升机构不安装在回转部分的起重机,在作业时,不得顺一个方向连续回转。

第六,装有上下两套操纵系统的起重机,不得上下两套同时使用。

第七,作业中,当停电或电压下降时,应立即将控制器扳到零位,并切断电源。如吊钩上挂有重物,应稍松稍紧反复使用制动器,使重物缓慢下降到安全地带。

第八,采用涡流制动调速系统的起重机,不得长时间使用低速挡或慢就位速度作业。

第九,作业中如遇六级及以上大风或阵风,应立即停止作业,锁紧夹轨器以增加稳定性,防止造成倾翻,将回转机构的制动器完全松开,起重臂应能随风转动,以减少起重机迎风面积的风压;对轻型俯仰变幅起重机,应将起重臂落下并与塔身结构锁紧在一起。

第十,作业中,操作人员临时离开操纵室时,必须切断电源,锁紧夹轨器。

第十一,起重机载人专用电梯严禁超员,其断绳保护装置必须可靠。当起重机作业时,严禁开动载人专用电梯。电梯停用时,载人专用电梯应降至塔身底部位置,不得长时间悬在空中。

第十二,作业完毕后,起重机应停放在轨道中间位置,起重臂应转到顺风方向,并松开回转制动器,小车及平衡重应置于非工作状态,吊钩宜升到离起重臂顶端 2~3 m 处。

第十三,停机时,应将每个控制器拨回零位,依次断开各开关,关闭操纵室门窗;下机后,应锁紧夹轨器,使起重机与轨道固定,断开电源总开关,打开高空指示灯。

第十四,检修人员上塔身、起重臂、平衡臂等高空部位检查或修理时,必须系好安全带。

第十五,在寒冷季节,应严密遮盖,并停用起重机的电动机、电器柜、变阻器箱、制动器等。

第十六,动臂式和尚未附着的自升式塔式起重机,塔身上不得悬挂标语牌,以防止大风骤起时,搭身受风压面加大而发生事故。

第十七,起重机在无线电台、电视台或其他强电磁波发射天线附近施工时,与吊钩接触的作业人员应戴绝缘手套和穿绝缘鞋,并应在吊钩上挂接临时放电装置以保护人身安全,这是因为塔式起重机与大地之间构成一个"C"形导体,当大量电磁波通过时,吊钩与大地之间存在着很高的电位差。如果作业人员站在道轨或地面上,接触吊钩时正好使"C"形导体变成"O"形导体,人体就会被电击或烧伤。

第七章 各类电梯的检验技术

第一节 曳引与强制驱动电梯检验技术

一、主开关检验技术

(一) 设置

1.检验要求

每台电梯都应在机房单独装设一只能切断该梯所有正常供电电路的主开关,该开关应具有切断电梯正常使用情况下最大电流的能力,但不应切断下列供电电路:①轿厢照明和通风;②轿顶电源插座;③机房和滑轮间照明;④机房、滑轮间和底坑电源插座;⑤电梯井道照明;⑥报警装置。

2.检验方法

检验方法有以下几种:①根据设计文件和实物,判断主开关的容量和类别是否适当;②断开主电源开关,检查照明、插座、通风及报警装置是否被切断。

(二) 型式

检验要求分为以下几点:①主开关应具有稳定的断开和闭合位置,应能从机房入口处方便、迅速地接近主开关的操作机构,如机房为几台电梯所共享,各台电梯主开关的操作机构应易于识别;②如果机房有多个入口,或同一台电梯有多个机房,而每一机房又有各自的一个或多个入口,则可以使用一个断路器式接触器,其断开应由电气安全装置控制,该装置接入断路器式接触器线圈供电回路;③断路器式接触器断开后,除借助上述安全装置外,断路器式接触器不应被重新闭合或不应有被重新闭合的可能,且应与手动分断开关连用①。

检验方法分为以下几点:①现场目测,审查电路图;②检查主电源开关的型式、标识、安装位置,人为动作该电气安全装置,观察断路器式接触器的动作情况。

(三) 防误操作

检验要求为主开关在断开位置时应能用挂锁或其他等有效装置锁住,以确保不会出现误操作。

检验方法为现场目测,检查设计文件。

(四) 一组电梯的情况

检验要求为对于一组电梯,当一台电梯的主开关断开后,如果其他部分运行回路仍然带电,这些带电回路应能在机房中被分别断开,必要时可切断组内全部电梯的电源。

检验方法为检查实物及电路图。

(五) 电容器的连接

检验要求为任何改善功率因数的电容器,都应连接在动力电路主开关的前面。

检验方法为审查电气原理图及实物。

二、制动器的供电检验技术

(一) 工作状态

检验要求为正常运行时,制动器应在持续通电下保持松开状态。

检验方法为现场检查并审查电气原理图。

(二) 控制

检验要求分为以下几点:①切断制动器电流,至少应用两个独立

---

①张华军,袁江. 曳引与强制驱动电梯检验技术[M]. 郑州:郑州大学出版社,2011.

的电气装置来实现,不论这些装置与用来切断电梯驱动主机电流的电气装置是否为一体;②当电梯停止时,如果其中一个接触器的主触点未打开,最迟到下一次运行方向改变时,应防止电梯再运行。

(三) 释放电路的断开

检验要求为断开制动器的释放电路后,电梯应无附加延迟地被有效制动,使用二极管或电容器与制动器线圈两端直接连接不能看作延时装置。

检验方法为目测检查并动作试验。

(四) 防馈电

检验要求为当电梯的电动机可能起发电机作用时,应防止该电动机向操纵制动器的电气装置馈电。

检验方法为审查电气图纸,核查现场实物。

三、电动机运行保护

(一) 过载保护

检验要求分为以下几点:①直接与主电源连接的电动机应采用手动复位的自动断路器(下一条所述情况除外)进行过载保护,该断路器应切断电动机所有供电。②当对电梯电动机过载的检测是基于电动机绕组的温升时,则切断电动机的供电应符合以下要求:如果一个装有温度监控装置的电气设备的温度超过了其设计温度,电梯不应再继续运行,此时轿厢应停在层站,以便乘客能离开轿厢;电梯应在充分冷却后才能自动恢复正常运行。③当电梯电动机是由电动机驱动的直流发电机供电时,该电梯电动机也应该设过载保护。

检验方法为审查电气原理图,检查自动断路器、热敏电阻规格和设定是否与电机相匹配。

(二) 短路保护

检验要求为直接与主电源连接的电动机应进行短路保护。

检验方法为审查图纸,检查实物。

(三) 运转时间限制器的设置及复位

检验要求分为以下几点：①曳引驱动电梯应设有电动机运转时间限制器，在下述情况下使电梯驱动主机停止转动并保持在停止状态：当启动电梯时，曳引机不转；轿厢或对重向下运动时由于障碍物而停住，导致曳引绳在曳引轮上打滑。②电动机运转时间限制器应在不大于下列两个时间值的较小值时起作用，电梯运行全程的时间再加上 10 s；若运行全程的时间小于 10 s，则最小值为 20 s。③电动机运转时间限制器动作后，恢复电梯正常运行只能通过手动复位，恢复断开的电源后，曳引机无需保持在停止位置。

检验方法为审查设计资料，检查现场接线和设定情况，分析设定方法并进行现场模拟试验。

四、开门时的平层和再平层运行

检验要求为在满足下列条件时，允许层门和轿门打开时进行轿厢的平层和再平层运行：①运行只限于开锁区域。应至少有一个开关装置防止轿厢在开锁区域外的所有运行，该开关装于门及锁紧电气安全装置的桥接或旁接式电路中；该开关应是满足要求的安全触点，或者其连接方式满足对安全电路的要求；如果该开关的动作是依靠一个不与轿厢直接机械连接的装置，如绳、带或链，则连接件的断开或松弛应通过一个电气安全装置的作用，使电梯驱动主机停止运转；平层运行期间，只有在已给出停站信号之后才能使门电气安全装置不起作用。②平层速度不大于 0.8 m/s，对于手控层门电梯，应检查对于由电源固有频率决定最高转速的电梯驱动主机，只用于低速运行的控制电路已经通电；对于其他电梯驱动主机，到达开锁区域的瞬时速度不大于 0.8 m/s。③再平层速度不大于 0.3 m/s，应检查对于由电源固有频率决定最高转速的电梯驱动主机，只用于低速运行的控制电路已经通电；对于由静态变频器供电的电梯驱动主机，再平层速度不大于 0.3 m/s。④开门平层或再平层的实际速度不应大于其额定值的 105%。

检验方法分为以下几种：①检查开关的型式、功能及安装位置，审查电气原理图及安装调试文件。②速度检测。在机房内用转速表测量驱动主机的转速，然后计算出轿厢的速度，或者用测速系统在轿厢内直接测出速度，也可采用其他满足测量准确度要求的方法进行速度测量。

五、检修运行控制检验技术

检验要求为应在轿顶装设一个易于接近的控制装置，该装置应由一个电气安全开关（检修开关）控制操作状态，该开关应是双稳态的，并应设有意外操作的防护，同时满足下列条件：①经进入检修运行，应取消正常运行控制，包括任何自动门的操作；紧急电动运行；对接操作运行。只有再次操作检修开关，才能使电梯重新恢复正常运行。如果取消上述运行的转换装置不是与检修开关机械装置一体的安全触点，则应采取措施，防止出现在电路中时轿厢的一切意外运行。②轿厢运行应依靠持续揿压按钮，此按钮应有防止意外操作的保护，并应清楚地标明运行方向。③控制装置也应包括一个停止装置。④轿厢速度不应大于 0.63 m/s，且不应大于其额定值的 105%。⑤不应超过轿厢的正常的行程范围。⑥电梯运行应仍依靠安全装置。

检验方法为检查开关的型式、装设位置及标识，审查分析电气原理图和故障防护措施，按如下检验方法进行现场试验：①把轿顶检修开关转换到检修运行状态，分别试验呼梯、选层；②在检修运行状态，实际按压上行及下行按钮，目测检查标识和误操作保护措施；③审查有关资料，目测，必要时用尺子测量；④审查电气原理图，人为动作安全回路的一个开关后再试验检修运行操作装置。

六、对接操作运行控制检验技术

检验要求为同时满足下列条件时，允许轿厢在层门和轿门打开时运行，以便装卸货物：①轿厢只能在相应平层位置以上且不大于 1.65 m 的区域内运行。②轿厢运行应受一个定方向的电气安全装置限制。

③运行速度不应大于 0.3 m/s。④层门和轿门只能从对接侧被打开。⑤从对接操作控制位置应能清楚地看到运行的区域。⑥只有在用钥匙操作的安全触点动作后，方可进行对接操作。此钥匙只有处在切断对接操作的位置时才能拔出，钥匙应只配备给专门负责人员，同时应供给他使用钥匙防止危险的说明书。⑦钥匙操作的安全触点动作后，应使正常运行控制失效。如果使其失效的开关装置不是与用钥匙操作的触点机构组成一体的安全触点，则应采取措施，防止出现在电路中时轿厢的一切误运行。⑧检修运行一旦实施，则对接操作应失效。⑨轿厢内应设有停止装置。

检验方法为首先审查设计资料，然后分条用如下方法进行检测：①用尺测量。②检查实物，审查电气原理图。③实际操作检查，审查设计文件。④目测。⑤检查实物，审查使用说明。⑥把钥匙开关转换到对接操作状态，分别试验呼梯、选层、开关门按钮、紧急电动运行和对接操作运行；检查开关的型式和结构，审查分析电气原理图和故障防护措施，在对接操作状态，实际按压上行及下行按钮，目测检查标识。⑦在对接操作状态，将轿顶检修开关转换至检修状态，再进行对接操作。

七、紧急操作

(一) 手动紧急操作

检验要求分为以下几点：①如果向上移动装有额定载重量的轿厢所需的操作力不大于 400 N，电梯驱动主机应装设手动紧急操作装置，以便借用平滑且无辐条的盘车手轮将轿厢移动到一个层站。②对于可拆卸的盘车手轮，应放置在机房内容易接近的地方；对于同一机房内有多台电梯的情况，如果盘车手轮不通用，则应在手轮上做适当的标记。③采用手动盘车时，在机房内应检查轿厢是否在开锁区。④对于可拆卸的盘车手轮，最迟应在盘车手轮装上电梯驱动主机时，有一个电气安全装置被动作，使电梯不能电动启动。

检验方法为审查设计计算书,现场目测检查,必要时现场测试手动盘车力或安装盘车轮进行试验。

(二)紧急电动运行

检验要求为紧急电动运行时,电梯驱动主机应由正常的电源供电或由备用电源供电(如有),同时下列条件也应满足:①紧急电动运行开关操作后,除由该开关控制的以外,应防止轿厢的一切运行。②紧急电动运行开关本身或通过另一个电气开关应使下列电气装置失效,安全钳上的电气安全装置;限速器上的电气安全装置;极限开关;缓冲器上的电气安全装置;轿厢上行超速保护装置上的电气安全装置。③紧急电动运行开关及其操纵按钮应设置在使用时易于直接观察电梯驱动主机的地方。

检验方法为检查实物,审查电路图,然后分条按以下方法进行操作检验:①在机房内检查实物,并用手进行按压运行试验;②转换到紧急电动运行状态后,进行自动运行、检修运行和对接操作运行的试验;③检查电气原理图并进行现场试验;④检查实物;⑤在机房内转入紧急电动运行后,把轿顶的检修开关转换到检修运行状态,再试验紧急电动运行的上行或下行按钮。

八、驱动主机及制动系统检验技术

(一)驱动主机和驱动方式

检验要求为每部电梯至少有一台专用的电梯驱动主机,允许使用以下两种驱动方式:①曳引式(使用曳引轮和曳引绳);②强制式(使用卷筒和钢丝绳或使用链轮和链条)。

检验方法为目测检查实物,审查设计文件。

(二)125%额定载荷制动

检验要求为当轿厢载有125%额定载荷并以额定速度向下运行时,操作制动器应能使曳引机停止运转;轿厢的减速度不应超过安全钳动作或轿厢撞击缓冲器所产生的减速度。

检验方法为把减速度测试仪安装在轿厢内稳定的平面上,装有125%额定载荷的轿厢下行,当电梯运行达到额定速度时,按动急停按钮或切断主电源,用测试仪器记录电梯制动时的减速度。

(三) 分组制动

检验要求为所有参与向制动轮或盘施加制动力的制动器机械部件应分两组装设,如果一组部件不起作用,应仍有足够的制动力使载有额定载荷以额定速度下行的轿厢减速下行。

检验方法分为以下几种:①根据制动器的具体结构,用机械或电气的方法使其中的一组制动组件维持开闸状态,而另一组正常起作用;②装有额定载荷的轿厢下行,运行达到额定速度时,按动急停按钮或切断主电源,检查电梯的减速情况,两组制动组件分别试验。

九、防护装置的检验技术要求

检验要求为所采用的防护装置应能见到旋转部件且不妨碍检查与维护工作。若防护装置是网孔状,则其孔洞尺寸应符合要求。防护装置只能在下列情况下才能被拆除:①更换钢丝绳或链条;②更换绳轮或链轮;③重新加工绳槽。

检验方法为检查实物和设计文件。

十、悬挂装置及安全系数检验技术

(一) 悬挂装置

检验要求分为以下几点:①轿厢和对重(或平衡重)应用钢丝绳或平行链节的钢质链条或滚子链条悬挂;②钢丝绳或链条最少应有两根,每根钢丝绳或链条应是独立的;③若采用复绕法,应考虑钢丝绳或链条的根数,而不是其下垂根数;④不论钢丝绳的股数多少,曳引轮、滑轮或卷筒的节圆直径与悬挂绳的公称直径之比不应小于40。

检验方法为审查设计文件,目测检查实物,用尺测量钢丝绳的直径,并进行现场测量核算。

（二）悬挂绳、链的安全系数

检验要求分为以下几点：①悬挂绳的安全系数是指装有额定载荷的轿厢停靠在最低层站时，一根钢丝绳的最小破断负荷（N）与这根钢丝绳所受的最大力（N）之间的比值，其值不应小于计算出的值与下列许用值之间的较大值：对于用三根或三根以上钢丝绳的曳引驱动电梯为12；对于用两根钢丝绳的曳引驱动电梯为16；对于卷筒驱动电梯为12。②悬挂链的安全系数不应小于10。

检验方法为审查设计资料。

十一、极限开关

（一）设置及独立性

检验要求包括以下几点：①电梯应设极限开关；②极限开关应设置在尽可能接近端站时起作用而无误动作危险的位置上；③极限开关应在轿厢或对重（如有）接触缓冲器之前起作用，并在缓冲器被压缩期间保持其动作状态；④正常的端站停止开关和极限开关必须采用分开的动作装置。

检验方法为审查资料，目测检查实物；进入轿顶用尺子测量极限开关与其撞板的动作重叠尺寸，并与缓冲器的行程比较，如现场不容易测量，可实际试验验证。

（二）动作的实现

检验要求分为以下几点：①对于强制驱动的电梯，极限开关的动作应由下述方式实现：利用与电梯驱动主机的运动相连接的一种装置；或利用处于井道顶部的轿厢和平衡重（如有）；如果没有平衡重，利用处于井道顶部和底部的轿厢。②对于曳引驱动的电梯，极限开关的动作应由下述方式实现：直接利用处于井道的顶部和底部的轿厢或利用一个与轿厢连接的装置，如钢丝绳、皮带或链条，该连接装置一旦断裂或松弛，一个电气安全装置应使电梯驱动主机停止运转。

检验方法分为以下几种：①检查实物，目测检查实物；②人为动作断裂或松弛保护电气开关,检查电梯的停止情况。

(三) 动作作用方法及动作后电梯状态

检验要求以下几点:①对强制驱动的电梯,应用强制的机械方法直接切断电动机和制动器的供电回路。②对曳引驱动的单速或双速电梯,极限开关应能直接切断电路;或通过一个符合规定的电气安全装置,切断向两个接触器线圈直接供电的电路。③对于可变电压或连续调速电梯,极限开关应能迅速地起作用,即在与系统相适应的最短时间内使电梯驱动主机停止运转。④极限开关动作后,电梯应不能自动恢复运行。

检验方法包括以下几种:①审查电气原理图;②人为动作极限开关和电气开关,检查电梯的停止情况,并检查电梯能否自动恢复运行。

十二、机房和滑轮间总体检验技术要求

(一) 安装在井道内的曳引轮

检验要求为曳引轮可以安装在井道内,其条件有以下两点:①能够在机房进行检查、测试和维修工作;②机房与井道间的开口应尽可能小。

检验方法为审查机房及滑轮间设计要求,现场目测检查并模拟试验。

(二) 井道顶层空间的导向滑轮

检验要求分为以下几点:①导向滑轮可以安装在井道的顶层空间内,其条件是他们位于轿顶投影部分的外面,并且检查、测试和维修工作能够安全地从轿顶或从井道外进行;②为对重(或平衡重)导向的单绕或复绕的导向滑轮可以安装在轿顶的上方,其条件是从轿顶上能完全安全地触及他们的轮轴。

(三) 机房温度

检验要求为机房中的环境温度应保持在 5~40 ℃这个范围。

检验方法为审查设计文件及使用说明的要求,核查机房的温控

措施。

(四) 机房金属支架及吊钩

检验要求为在机房顶板或横梁的适当位置上,应装备一个或多个适用的具有安全工作载荷标示的金属支架或吊钩,以便起吊重载设备。

检验方法为现场目测检查,审查机房设计要求。

(五) 滑轮间

检验要求分为以下几种:①如果滑轮间内有霜冻和结霜的危险,应采取预防措施以保护设备;②如果滑轮间内有电气设备,则环境温度与机房的要求相同。检验方法为现场目测检查,审查滑轮间设计要求,必要时检查温控措施。

第二节　消防员电梯检验技术

一、系统供电及消防员开关检验技术

(一) 供电系统设置

检验要求为电梯和照明的供电系统应由设置在防火区域的第一和第二(即应急或备用)电源组成;第一和第二电源的供电电缆应是防火的,他们互相之间以及与其他供电设施之间应是分离的。

检验方法为审查电气原理图和接线图,并现场进行目测检查。

(二) 消防员电梯开关的设置

检验要求为在井道外的消防服务通道层的前室内应设置一个用来优先为消防员提供服务的开关——消防员电梯开关。该开关应设置在距消防员电梯水平距离 2 m 之内,高度在地面以上 1.8 m 到 2.1 m

的位置,并应用"消防员电梯象形图"做出标记①。

检验方法为现场目测检查,审查设计或安装说明。

(三) 消防员电梯开关

检验要求为消防员电梯开关的操作应借助于一个三角钥匙,该开关的工作位置应是双稳态的,并应清楚地用"1"和"0"标示出,位置"1"是消防员服务状态。

检验方法为现场目测检查,审查设计或安装说明。

二、设置及环境

(一) 消防员电梯能够正确运行的条件

检验要求分为以下几点:①当在 $0 \sim 65$ ℃的环境温度下工作时,电气或电子层站控制装置和指示器应能继续工作到建筑结构所要求的一个时间,使消防员为了进行救援能发现电梯轿厢所在位置,如轿厢被封锁(阻断)的地方;②不在防火前室内的消防员电梯的所有其他电气或电子元器件,其设计应保证他们在 $0 \sim 40$ ℃环境温度范围内能正常工作;③在井道和(或)机房充满烟雾时,电梯控制的正确机能应至少确保建筑结构所要求的一个时间。

检验方法为审查设计文件,分析高温、烟雾保护措施。

(二) 井道的专用

检验要求为电梯井道应独立设置,井道内严禁敷设可燃气体和甲、乙、丙类液体管道,且不应敷设与电梯无关的电缆、电线等;井道壁除开设电梯门洞和通气孔外,不应开设其他洞口。

检验方法为审查电梯建设计要求,现场目测检查。

(三) 消防员电梯参数

检验要求分为以下几点:①消防员电梯的额定载荷不能小于 800 kg,其轿厢净尺寸不能小于 1100 mm(宽)乘以 1400 mm(深),轿厢的最小

---

① 卜四清. 电梯检验检测技术[M]. 苏州:苏州大学出版社,2013.

净入口宽度应为 800 mm；②对于预定用途包括疏散的地方，或者轿厢有两个入口的消防员电梯，其最小额定载荷应为 1000 kg，轿厢的最小尺寸应为 1100 mm（宽）乘以 2100 mm（深）。

检验方法为审查设计说明，现场对照实物。

(四) 运行时间

检验要求为从电梯门关闭以后，消防员电梯应能在 60 s 内从消防服务通道层到达最远的层站。

检验方法为用计时器测量运行时间。

(五) 全层服务

检验要求为消防员电梯应服务于建筑物的每一楼层。

检验方法为审查设计文件，现场选层试验。

(六) 层轿门联动

检验要求为消防员电梯应使用自动操作、水平滑动的联动轿厢门和层站门。

检验方法为审查设计文件，现场选择层站门和轿厢门试验。

(七) 井道的防火前室

检验要求为消防员电梯应设置于在每层电梯层门前面都具有防火前室的井道内。

检验方法为现场查看井道内的布置情况并审查设计文件。

(八) 共享井道

检验要求分为以下几点：①如果在同一井道内还有其他电梯，那么整个井道应满足消防员电梯井道的耐火性要求；②对于在一个共享井道内消防员电梯与其他电梯之间没有中间防火墙分隔开的地方，所有的电梯和电气设备必须与消防员电梯有相同的消防要求。

(九) 层门防火前室

检验要求为每一个用于消防目的的层站入口都应有一个防火前室。

检验方法为审查设计文件,必要时现场查看层门防火前室的布置情况。

(十) 机械设备室的防火

检验要求为装设有电梯主机和其相关设备的任何分隔室,至少应拥有与电梯井道相同的防火等级。

(十一) 机械区间的防火

检验要求为设置在井道外和防火分区外的所有机器区间,至少应拥有与防火分区相同的耐火性,防火分区之间的连接(如缆线、液压管线等)也应予以同样保护。

三、设备的防护

(一) 井道内电气设备的防护

检验要求分为以下几点:①在消防员电梯井道内或轿厢上的电气设备,如果设置在距安装有层门的任一墙壁 1 m 的范围内,他们应设置针对滴漏和飞溅水的防护,或者有防护等级至少为 IPX3 的外壳;②设置在电梯底坑地面上方 1 m 之内的所有电气设备,防护等级应为 IP67,插座和最低的灯具应设置在底坑内最高允许水位之上至少 0.5 m 处。

检验方法为对照现场实物审查安装布置图,核查电气外壳防护等级证明文件。

(二) 控制装置的识别能力

检验要求为轿厢和层站控制装置以及相关的控制系统,不应登记来自热、烟和水汽影响所产生的错误信号。

检验方法为审查电气按钮选型证明文件并判断是否满足要求。

(三) 控制装置和层站控制盘的防护

检验要求分为以下几点:①轿厢和层站控制装置、轿厢和层站显示屏以及消防员电梯开关,其防护等级至少应为 IPX3;②如果层站控制盘在消防员电梯开关启动时没通过电气方式被断开,其防护等级至少也应为IPX3。

检验方法为对照现场实物审查安装布置图,核查电气外壳防护等级证明文件。

(四) 设备的防水

检验要求为在井道外的机器区间内和电梯底坑内的设备应被保护,以免因水而造成故障。

检验方法为对照现场实物审查设备防水安装布置图和保护措施。

四、安全控制检验技术

(一) 底坑水位限制

检验要求分为以下几点:①在电梯底坑中应提供合适的装置,以确保水面不会上升到轿厢缓冲器被完全压缩时的上表面上;②提供措施,防止底坑内的水面到达可能使消防员电梯出错(故障)的设备。

检验方法为审查设计文件的防护要求,现场检查实际安装。

(二) 外部召回信号的控制

检验要求为附加的外部控制或输入只能使消防员电梯自动返回到消防服务通道层,并保持在该层开着门;消防员电梯开关仍必须被操作到位置"1",电梯才能进入消防服务。

检验方法为审查电气原理图,分析电梯控制原理和控制程序说明。

(三) 安全装置的有效性检验

检验要求为在消防员电梯开关处于工作状态期间,除反开门装置外,电梯的所有安全装置(电气和机械的)都应保持有效状态。

检验方法为审查电气原理和接线图,现场模拟试验。

(四) 消防员电梯开关控制权限

检验要求为消防员电梯开关不应取消检修控制、停止开关或紧急电动运行。

检验方法为在消防服务状态下,手动试验检修控制、停止开关和紧急电动运行。

(五) 井道外电气系统对消防运行的影响检验

检验要求为当处于消防服务状态时,层站呼叫控制装置或者设置在电梯井道外的电梯控制系统的其他部分的一个电气故障(失灵)不应影响电梯的功能。

检验方法为在消防服务状态下,手动试验检修控制、停止开关和紧急电动运行。

(六) 群控电梯电气故障的影响

检验要求为与消防员电梯在同一群组中的其他任意一台电梯的电气故障都不应影响消防员电梯的运行。

(七) 开门超时报警的检验

检验要求分为以下几点:①消防员电梯应设置一个音响信号,在优先召回阶段,当开门停顿超过 2 min 时它会在轿内发声。②在超过 2 min 后,门将试图以减低的动力关闭,在门完全关闭后音响信号解除;音响警告的声级应可在 35 ~ 65 dB(A)调整,而且它还应能与电梯的其他音响警告区分开来。

检验方法分为以下几种:①审查电气原理图;②用计时器测量时间,使声级计水平指向发声源,传声器测头应位于轿厢地板中心半径为 0.10 m 的圆形区域的正上方(1.5±0.1)m 高度处,测出在音响警告发声时的最大声响值。

五、消防服务通信系统检验技术

(一) 消防服务通信

检验要求为应有用于双向对话通信的内部对讲系统或类似的装置,在消防优先召回阶段和消防服务过程中能用于轿厢和下述地方之间:①消防服务通道层;②机房或无机房电梯的紧急操作屏处。如果是在机房内,只有通过按压其设备上的控制按钮才能使麦克风有效。

检验方法为现场目测检查,模拟消防对讲试验,审查消防电气原理图。

(二) 消防装置及线路

检验要求为轿厢内和消防服务通道层的通信设备应是内置式麦克风和扬声器,不能用手持式电话机;通信系统的线路应装设在井道内。

六、优先召回阶段检验技术

(一) 进入优先召回阶段的方式

检验要求为消防员电梯可以手动或自动进入优先召回阶段。

检验方法为目测检查,手动模拟优先召回操作,审查优先召回设计文件。

(二) 应失效的反开门装置

检验要求为对可能受到烟和热的影响以致妨碍关闭的消防员电梯的所有层门和轿门,轿门反开门装置都应失效。

(三) 操作装置的有效状态

检验要求为所有的层站控制和消防员电梯的轿内控制都应失效,所有已登记的呼叫都应被取消,但开门和紧急报警按钮应保持有效。

检验方法为现场失效模拟试验,审查设计文件,分析操作装置控制程序说明。

(四) 脱离群控

检验要求为消防员电梯必须脱离同一群控组中的所有其他电梯而独立运行。

(五) 返回方式

检验要求为正在离开消防服务通道层的消防员电梯,应在最近的楼层做一次正常的停止,不开门,然后返回到消防服务通道层。

检验方法为现场返回模拟试验,审查设计文件,分析返回控制程序说明。

(六) 开门等待

检验要求为消防员电梯到达消防服务通道层后应停留在那里,且轿门和层门应保持开启位置。

检验方法为现场开门等待模拟试验,审查设计文件,分析开门等待控制程序说明。

(七) 检修状态时的召回

检验要求为如果在优先召回阶段电梯正处于检修控制状态下,音响信号应鸣响;如果有的话,轿厢和紧急操作地点之间的内部对讲系统应被启动。当消防员电梯脱离检修控制时,这些信号应被取消。

七、消防服务阶段检验技术

(一) 消防服务阶段的控制

检验要求为在消防员电梯停泊在消防服务通道层并打开门以后,对电梯的控制全部来自于轿厢消防员控制盘,其他的操作系统都应变成无效状态。

(二) 消防服务时的选层

检验要求分为以下几点:①电梯应不能同时登记一个以上的轿内选层指令;②已登记的轿内指令应明显地显示在轿内操作盘上;③在轿厢正在运行时,它应能登记一个新的轿内选层指令,原来的指令将被取消,轿厢应在最短的时间内运行到新登记的层站。

(三) 消防运行中的控制

检验要求分为以下几点:①一个登记的指令将使电梯轿厢运行到所选择的层站后停止,并保持门关闭;②直到登记下一个轿内指令为止,电梯应停留在它的目的层站。

(四) 轿厢停止后的开关门控制

检验要求为如果轿厢停止在一个层站,通过持续按压轿内"开门"按钮应能控制门开启。如果在门完全开启之前释放轿内"开门"按钮,门应自动关闭。当门完全打开时,他们应保持在开启状态直到轿内操作盘上有一个新的指令被登记。

(五) 轿厢位置显示

检验要求为在正常或应急电源有效时,应在轿内和消防服务通道层两处显示出轿厢的位置。

(六) 恢复正常服务

检验要求为当消防员电梯开关被转换到位置"0"时,仅当电梯回到消防服务通道层时,消防员电梯控制系统才回复到正常服务状态。

检验方法为手动模拟转换试验,审查消防员电梯电气控制原理图。

(七) 附加消防员钥匙开关的操作

检验要求为轿内附加的消防员钥匙开关应如此操作:①当电梯通过消防服务通道层的开关进入消防员控制时,为了使轿厢进入运行状态,该轿内钥匙开关必须被转换到位置"1";②当电梯在另一层而不在消防服务通道层,且轿内钥匙开关被转换到位置"0"时,应防止轿厢进一步的运行并保持门在开启状态。

八、从轿外救援

检验要求分为以下几点:①业主提供的救援工具。可以使用如下所述的救援工具,设置在距上方层站入口地坎上方 0.75 m 之内的固定式梯子;便携式梯子;绳梯;安全绳系统。②救援工具固定点的检验。救援工具的固定点必须设置在每一层站附近。③救援设备尺寸检验。无论轿顶到最近可接近层站地坎的距离多大,所用的设备必须允许安全地到达轿顶。

九、从轿内自救

(一) 轿内打开安全窗的手段

检验要求是应提供从电梯轿厢内能完全打开安全窗的方法,如通过在轿内提供合适的踩踏点,其最大梯阶高度为 0.4 m,任一踩踏点应能支撑1200 N的负荷,任何踩踏点与轿壁间的空隙都至少应为0.1 m。

检验方法为审查设计文件,现场模拟自救逃生。用尺子测量有关尺寸,在踩踏点上面放置1200 N的荷载,观察其情况。

(二) 梯子的要求

检验要求为如果提供梯子,梯子设置方式应能使他们安全地展开;梯子与安全窗的尺寸和位置的组合,应能允许消防员通过。

检验方法为目测检查梯子的标志和说明。

(三) 开门指示

检验要求为在井道内每个层站入口靠近门锁处,应设有简单的示意图和符号,清楚地标示出如何打开层门。

检验方法为目测检查开门指示标志和说明。

第三节 防爆电梯检验技术

一、电气防爆

(一) 防爆措施

检验要求为所有暴露在机房、井道、轿厢、层站等处的电气设备和部件均应单独采取不低于整机防爆等级的电气防爆措施,位于防爆电气设备和部件内的元器件不必单独采取电气防爆措施。

检验方法为审查防爆资料并进行设备外观检查。

(二) 防爆标志

检验要求为凡有防爆合格证的电气设备和部件均应在外壳上设置防爆标志,标志标注正确,清晰耐久,符合国家有关标准的要求。

检验方法为对照防爆合格证对防爆标志进行检查,重点检查两者的一致性与有效性;对照国家标准检查防爆标志标注的规范性和完整性。

(三) 温度

检验要求为在试验过程中,所有部件的表面温度均不应超过相应防爆等级的最高允许温度,本安和增安型部件中的各元器件温度也不应超过相应防爆等级的最高允许温度。

检验方法为用测温仪测量。

(四) 隔爆部件外观安装

检验要求为隔爆部件的外壳应无裂纹或损坏,防腐处理应适当;紧固螺栓应齐全,所有紧固件应紧固良好,密封衬垫应齐全完好,无老化变形,进线口的电缆或导线应配相应的橡胶密封垫圈,电缆的配合误差为±1 mm,导线的配合误差为±0.5 mm,电缆外护套和导线绝缘层应在密封圈内,对电缆施加其外径(单位为 mm)20 倍的拉力(单位为 N)时,电缆不应移动;进线口用钢管连接的,应先连接一个金属压紧组件,压紧橡胶密封圈后再连接钢管;多余的进线口应用厚钢板封堵,并用金属压紧组件压紧[1]。

检验方法为目测,并结合游标卡尺和弹簧测力计测量。

(五) 隔爆部件电源

检验要求为隔爆部件的外壳若能打开,则应有联锁装置或断电后才能打开的标牌,以保证电源接通时外壳不会打开,外壳打开时电源已切断。

(六) 本质安全部件

检验要求为本质安全部件和关联部件的连接件、接线盒、插头和插座应有明显标志且容易识别,若用颜色识别,须用蓝色;本质安全部件和非本质安全部件连接时应采用适当的隔离措施。

检验方法为颜色识别和外观检查。

(七) 本安电路的隔离

检验要求为本安电路导线与非本安电路导线不应为同一电缆;本

---

①郭长福. 论防爆电梯的防爆要求和检验[J]. 广东科技,2013,22(20):164+94.

安电路电缆与非本安电路电缆应分开走线,间距大于 50 mm;本安电路终端与非本安电路终端分隔间距应大于 50 mm。

检验方法为目测间距,必要时在现场进行间距测量检查。

(八) 正压部件压力

检验要求为正压部件(正压房)中应在正确位置设置压力监测装置,以保证当外壳(房间)内正压降至低于规定最小值时,用于 1 区的设备能自动切断电源,用于 2 区的设备能发出连续声光报警信号。

检验方法为检查压力监测装置的安装位置和人为动作压力监测装置,检查自动切断电源或报警功能。

(九) 正压部件电源

检验要求为正压部件的外壳若能打开,则应有联锁装置或断电后才能打开的标牌,以保证电源接通时外壳不会打开,外壳打开时电源已切断。

(十) 充油部件油温

检验要求为在电梯以 110% 额定载重量运行 30 次的试验之后,确保充油部件(如制动电阻等)油温不超过 100 ℃(对 T6 组部件,油温不超过 85 ℃);对 T1–T5 组部件,油的温升不高于 60 K,对 T6 组部件,油的温升不高于 40 K。

检验方法为现场用温度计测量油的温升。

(十一) 充油部件外观

检验要求为充油部件必须密封良好,不允许渗漏油,密封零件应用耐油材料制成;外壳、电气和机械连接所用的螺栓、螺母以及注油、排油的螺栓塞等均须有防松措施。

检验方法为现场目测检查充油部件外观。

(十二) 浇封部件外观

检验要求为浇封部件应确保浇封剂不得有可见的破坏防爆完整性的现象,如裂缝、剥落、不允许的收缩、膨胀、分解、软化、被浇封部分外露、过热等。

检验方法为检查浇封部件外观与查看技术资料结合。

(十三) 粉尘防爆部件外观

检验要求为粉尘防爆部件外壳应无裂纹或损伤,并有一定的强度,接合面应紧固严密,密封垫圈完好,转动轴与轴孔间防尘应严密,透明件应无裂纹。

检验方法为现场目测检查粉尘防爆部件外观。

(十四) 防爆部件封堵件

检验要求为防爆电气部件外壳上不装电缆或导管引入装置的通孔应用封堵件封堵,封堵件应能与外壳一起符合有关防爆型式的规定要求,封堵件只能用工具才能拆除。

检验方法为现场目测防爆部件外观并进行手动试验。

(十五) 电缆导线连接

检验要求为处在爆炸性危险场所中的电缆和导线不允许直接连接,必须连接或分路时,应在防爆接线盒中进行。

检验方法为检查电缆导线连接情况。

(十六) 电气设备接地

检验要求为爆炸性危险场所的电气设备的金属外壳、金属构架、金属配线管及其配件、电缆的金属护管护套等非带电金属部分,均应可靠地内外接地,且应分别接至接地干线,不允许串联后再接地,接地线应与上一级接地装置保持良好导通。

检验方法为检查电气设备接地的合理性。

(十七) 电源插销

检验要求为爆炸性危险场所中如果设置电源插销,则应有联锁装置,联锁装置的设置应符合防爆要求。

检验方法为检查电源插销外观结合手动试验,必要时查看相关技术资料和证明文件。

(十八) 电缆阻燃

检验要求为爆炸性气体环境时固定布线电缆的阻燃性能试验应符合要求,除非电缆埋在地下、充砂导管内或采取其他防止火焰传播的措施。

检验方法为查看阻燃试验报告,现场检查电缆布置。

(十九) 电缆铺设

检验要求为爆炸性气体环境中的导管中可采用无护套的绝缘单芯或多芯电缆,但当导管含有三根或多根电缆时,电缆的总截面积(包括绝缘层)应不超过导管截面积的40%。导管内安装电线后,密封附件应采用符合有关标准要求的填料填塞,填料厚度应至少等于导管内直径,且不得小于 16 mm。

检验方法为电缆铺设外观检查与测量直径相结合。

二、非电气防爆

(一) 防火花的总要求

检验要求为曳引轮、导向轮及反绳轮的挡绳装置、限速器的制动块和夹绳钳块、安全钳锲块、提拉机构的转轴、安全钳动作时撞击安全触点的打板、滑动导靴靴衬、门锁产生相对撞击的部件、门挂轮、门挡轮、门导靴等正常使用情况下有产生机械火花潜在危险的部件均应采取防止机械火花的措施。

检验方法为现场进行外观检查,并审查相关资料。

(二) 限速器张紧装置

检验要求为限速器张紧装置应有防止钢丝绳脱槽的装置,且该装置应采用不产生火花的材料,张紧装置的设置应能确保断绳时张紧装置不会撞击地面。

检验方法为外观检查结合查阅资料,必要时进行手动试验。

(三) 缓冲器

检验要求为除非有足够的证据证明并经型式试验机构认可液压缓冲器的防爆安全性,否则应采用弹簧缓冲器或聚氨酯缓冲器,并且在弹簧缓冲器与对重或轿厢撞击的面应有橡胶衬垫。

检验方法为缓冲器外观检查结合查阅缓冲器资料。

(四) 地面材料

检验要求为机房地面、底坑地面和轿厢地面相关位置应采用金属撞击不产生火花的材料构筑或铺垫,该材料同时应有利于导除静电。轿厢地面的材料应固定牢固并有相应的耐磨性。

检验方法为地面材料外观检查结合查阅地面材料资料。

(五) 轿壁

检验要求为货梯轿厢壁应采取适当的防护措施,防止货物或搬运机械进出轿厢时撞击产生火花。

检验方法为轿壁外观检查结合查阅轿壁资料。

第四节 液压电梯检验技术

一、机房检验技术

检验要求分为以下几点:①电梯驱动主机及其附属设备和滑轮应该设置在一个专用的房间里,该房间应该有实体的墙壁、房顶、地板、门和(或)活板门,只有经过批准的人员(维修、检查和救援人员)才能够进入。机房不应该用于电梯以外的其他用途,也不应设置非电梯用的线槽、电缆或装置,但这些房间可以设置以下物品:杂物电梯或自动扶梯的驱动主机;该房间的空调或采暖设备,但不包括以蒸汽和高压水加热的采暖设备;火灾探测器和灭火器,其具有高的动作温度,适用于电气设备,有一定的稳定期并且有防意外碰撞的合适的保护。②机房内应该至少设有一个电源插座。③在机房顶板或者横梁的适当位置上,应该装备一个或者多个适用的具有安全工作载荷标示的金属支架或者吊钩，以便起吊重载设备。④如果电梯具有两层站以上，应该有可能从机房内检查轿厢是否在开锁区内，其方法应该与供电电源无关，这一要求不适用于设有机械防沉降装置的电梯。

检验方法为审核机房布置图以及设计资料，手动试验或目测检查。井道内滑轮、机房的通道、机房内相关尺寸（控制柜前空间、运动部件维护空间）、通风与照明、机房地面、机房门等的检验要求和检验方法与曳引式电梯相应项目相同。

二、轿厢检验技术

（一）轿厢的面积要求

检验要求为乘客电梯或者载货电梯轿厢的最大有效面积应该分别符合附件四或附件五的规定。对于大运载量的货梯，设计时不仅要考虑额定载重量，还要考虑可能进入轿厢的搬运装置的重量。对于轿厢的凹进和凸出部分，不管高度是否小于 1 m，也不管其是否有单独门保护，在计算轿厢最大有效面积时均必须算入，当门关闭时，轿厢入口的任何有效面积也应该计入。

检验方法为用尺测量，对于大运载量的货梯，审查轿厢架以及导轨的计算资料。

（二）轿厢轿架和轿壁

检验要求分为以下几点：①轿厢架应该有足够的机械强度，以承受在电梯正常运行、安全钳动作、限速切断阀动作夹紧装置动作、棘爪装置动作或者轿厢撞击缓冲器的作用力。②轿壁应该具有这样的机械强度，用 300 N 的力，均匀地分布在 5 cm² 的圆形或者方形面积上，沿轿厢内向轿厢外方向垂直作用于轿壁的任何位置上，轿壁应该无永久变形；弹性变形不大于 15 mm。

检验方法为审查轿厢架的设计资料，在测力计的端部固定一个面积为 5 mm 的金属块，并且在轿厢顶部悬挂线坠，通过测力计施加 300 N 的力垂直作用在轿壁上，用直尺测量轿壁上力的作用点在施力前、

300 N力作用下以及解除作用力后垂直轿壁方向上相对于线坠的水平距离,然后计算其变形[①]。

(三) 轿门开门电气防护

检验要求为除开门情况下的平层、再平层或者电气防沉降以及对接操作外,如果一个层门或者多扇层门中的任何一扇门开着,在正常操作情况下,应该不能启动电梯或者保持电梯继续运行,但可以进行轿厢运行的预备操作。

检验方法为在轿门开着的情况下,检查电梯能否启动或者继续运行。

(四) 轿门操纵

检验要求为对于动力驱动的自动门,在轿厢控制盘上应该设有相应装置,能够使处于关闭中的门反开。如果电梯设有电气防沉降系统,不应该使用双稳态轿门反开装置。

检验方法为轿门外观检查,操纵动作试验。

三、悬挂装置

检验要求为至少在悬挂钢丝绳或者链条的一端设有一个调节装置,用来平衡各根绳或者链的张力。如果用弹簧来平衡张力,则弹簧应该在压缩状态下工作。如果轿厢悬挂在两根钢丝绳或者链条上,则应该设有一个电气安全装置,在一根钢丝绳或者链条发生异常相对伸长时电梯应该停止运行。对于具有两个或者多个油缸的电梯,这一要求适用于每一组悬挂装置。

检验方法为审查钢丝绳的检验报告,用尺测量钢丝绳的直径。液压电梯悬挂装置的其他有关检验要求和方法与曳引式电梯相同。

四、液压系统

(一) 管路配置检验

检验要求分为以下几点:①油缸和单向阀或者下降控制阀之间的

---

①马飞辉. 电梯安全使用与维修保养技术[M]. 广州:华南理工大学出版社,2011.

硬管和附件在设计上应该满足以下条件，在2.3倍满负荷压力作用下，应该保证对于材料屈服强度为Rp2.0时安全系数不低于1；在进行壁厚计算时，对位于油缸和破裂阀之间的管路接头（如有），其计算值应该增加1.0 mm；对于其他硬管，其计算值应该增加0.5 mm。②当使用多于2节的套筒式油缸和液压同步机构时，在计算位于破裂阀和单向阀或者下降控制阀之间的硬管和附件时，应该考虑附加1.3的安全系数。在油缸和破裂阀之间如果有管路的话，其计算所用的压力与油缸计算时相同。③在选用油缸与单向阀或者下降控制阀之间的软管时，其相对于满负荷压力和破裂压力的安全系数应该至少为8。④油缸与单向阀或者下降控制阀之间的软管以及接头应该能够承受5倍满负荷压力而不被破坏。⑤软管固定时，其弯曲半径应该不小于制造厂标明的弯曲半径。

检验方法为审核硬管、软管及附件的安全系数计算资料，用尺测量。

（二）轿厢与柱塞（缸筒）的连接

检验要求分为以下几点：①对于直接作用式电梯，轿厢和柱塞（缸筒）之间应该为挠性连接。②对于间接作用式电梯，柱塞（缸筒）的端部应该具有导向装置；对于拉伸作用的油缸，不要求其端部导向，只要拉伸布置可以防止柱塞承受弯曲力的作用。③对于间接作用式电梯，柱塞端部导向装置的任何部件都不应该进入轿顶的垂直投影区域。

（三）保护措施

检验要求为如果油缸延伸至地下，则应该安装在保护套管中。如果它延伸至其他空间，则应该给予适当的保护，以下部件亦给予同样的保护：①破裂阀或节流阀；②连接破裂阀或节流阀；③破裂阀或节流阀之间互相连接的硬管。

检验方法为审查设计资料并目测检查。

五、液压泵站

（一）停止装置的要求

检验要求分为以下几点：①对于向上运行，应该采用下述方法中的一种,电动机的电源应该至少由两个独立的接触器切断,这两个接触器的主触点应该串联于电动机的供电回路中。一个由以下组件组成的系统,切断各相(极)电流的接触器;用来阻断静态组件中电流流动的控制装置;用来检验电梯每次停车时电流流动阻断情况的监控装置。电动机的电源由一个接触器切断,并且旁路阀的供电应该至少由两个独立的串联于该阀供电回路中的电气装置来切断。②对于向下运行,切断下降控制阀的供电应该采用下述方法中的一种:至少由两个独立的串联的电气装置切断;直接由一个电气安全装置切断,倘若该电气安全装置的电气容量合适。③当电梯停止时,如果其中一个接触器的主触点没有打开或者其中一个电气装置没有断开,最迟到下一次运行方向改变时,必须防止电梯再启动。④对于向上运行停止驱动主机中的方法是在正常停车期间,如果静态组件未能有效阻断电流的流动,监控装置应该使接触器释放并防止电梯再运行。

检验方法分为以下几点:①审查电气原理图,并核对实物。②在电梯运行过程中,人为按住一个接触器(或者电气装置),电梯停止时不让其释放(断开),然后给电梯一个相反方向的运行指令,检查电梯是否能启动。对于各个接触器或者电气装置应该分别进行试验,并分别在正常运行和检修运行两种状态下试验。③对于向上运行停止驱动主机中的方法,应该分析、检查监控装置的有效性。

(二) 液压泵站设置

检验要求分为以下几点:①截止阀应该位于机房,且安装在将油缸连接到单向阀和下降控制阀之间的回路上。②单向阀应该安装在油泵与截止阀之间的回路上。③溢流阀应该连接在油泵与单向阀之间的回路上,从溢流阀溢出的油液应该流回油箱。④油箱的设计和制造应该满足以下要求,易于检查油箱中油液的液面高度;易于注油和排油。⑤油箱和油泵之间的回路上以及截止阀与下降控制阀之间的回路上应该安装滤油器或者类似装置。截止阀与下降控制阀之间的滤油器或者类似装置应该是可以接近的,以便进行检查和保养。⑥装备压力表,压力表应该连接到单向阀或者下降控制阀与截止阀之间的回路上,在主液压回路与压力表接头之间应该设置压力表截止阀,并且压力表应该校核。

检验方法为审查液压原理图并核对实物,目测检查阀的安装位置。

(三) 紧急下降阀

检验要求为机房内应该设置手动操作的紧急下降阀。即使在失电的情况下,允许使用该阀使轿厢下降至平层位置,以疏散乘客,且需满足如下要求:①轿厢的下降速度应该不超过 0.3 m/s;②该阀应该由持续的人力来操作,并有误操作防护;③对于有可能松绳或者松链的间接作用式电梯,手动操纵该阀应该不能使柱塞下降从而造成松绳或者松链。

检验方法为将轿厢停在下端站,打开轿门,切断主电源开关,操作手动下降阀,观察轿厢是否下降。停止手动操作,观察轿厢是否停止。目测检查其防误操作措施。对于间接式电梯,在进行安全钳联动试验过程中,当安全钳夹住导轨使轿厢停止后,操作紧急下降阀,检查钢丝绳或者链条是否进一步松弛。

(四) 溢流阀工作压力

检验要求分为以下几点:①溢流阀应该调整至系统压力不超过满负荷压力的140%;②由于管路较高的内部损耗(接头损耗、摩擦),必要时溢流阀可以调整至较高的压力值,但不应该超过满负荷压力的200%。

检测方法分为以下几点:①审查计算资料,查出满负荷压力值,将经过校准的压力表接入到单向阀或者下降控制阀与截止阀之间回路的压力检测点上,关闭截止阀;②操纵电梯以检修速度点动上行,使液压系统的压力缓慢上升,当压力表显示的压力值不再上升时,此值即为溢流阀调定的工作压力值。

(五) 手动泵

检验要求为对于轿厢装有安全钳或者夹紧装置的电梯,应该永久性地安装一只手动泵,使轿厢能够向上移动。手动泵应该连接到单向阀或者下降控制阀与截止阀之间的回路上。手动泵应该配备溢流阀,以限制系统压力至满负荷压力的 2~3 倍。

(六) 运转时间限制器

检验要求分为以下几点:①电梯应该设有电动机运转时间限制器。当启动时如果电动机不转动,该时间限制器应该使电动机停止运转并保持停止状态。②电动机运转时间限制器应该在不大于下列两个时间值的较小值时起作用,载有额定载重量的轿厢运行全程时间加上 10 s;若全行程时间少于 10 s,则最小值为 20 s。③恢复正常运行只能通过手动复位。在供电中断以后恢复供电时,驱动主机无需保持在停止位置。④电动机运转时间限制器应该不影响检修运行和电气防沉降系统的工作。

检验方法分为以下几点:①切断主电源开关,将驱动油泵的电动机三相电源拆除,并用绝缘胶布包好,送电后给轿厢一个运行指令,观察该装置是否动作,并用秒表测量动作时间;②检查电动机运转时间限制器动作后检修运行和电气防沉降系统的工作是否正常,是否需要手动复位。

(七) 温度监控装置

检验要求为需设置液压油的温度监控装置。

检验方法为采用下列方法模拟温度监控装置动作:①对于油温监控装置的动作温度可以调的电梯,将其设定值调低至接近正常油温,启动电梯以额定速度持续运行,直至该装置动作;②对于油温监控装置的动作温度不可以调的电梯,在电梯正常运行过程中,模拟温度检测组件动作的状态(如拆下热敏电阻的接线端子)。

六、液压油缸

(一) 缸筒和柱塞

检验要求分为以下几点:①缸筒和柱塞的设计应该满足以下要

求；在由 2.2 倍满负荷压力所产生的力的作用下，在材料屈服强度为 Rp0.2 时，其安全系数应该不小于 1.7。对于同步套筒式油缸的柱塞计算，不使用满载压力，用因液压同步的作用在各个柱塞中产生的最大压力代替。在进行壁厚计算时，对于缸筒壁和缸筒基座，其计算值应该增加 1.0 mm；对于单个油缸或者套筒式油缸的空心柱塞壁，计算值应该增加 0.5 mm。②油缸在承受压缩载荷作用时应该满足如下，当柱塞处于全部伸出的位置时，在由 1.4 倍满负荷压力所产生的力的作用下，其稳定性安全系数应该不小于 2。③油缸在拉伸载荷作用下的设计应该满足如下，在由 1.4 倍满负荷压力所产生的力的作用下，应该保证对于材料屈服强度 rp0.2 的安全系数不小于 2。

检验方法分为以下几点：①审查缸筒和柱塞的安全系数计算资料；②审查油缸的稳定性安全系数计算资料；③审查油缸在拉伸载荷作用下的安全系数计算资料。

(二) 柱塞行程限制

检验要求分为以下几点：①应该采取措施使柱塞在其最高极限位置时缓冲制停。②柱塞行程的限制应满足下述条件之一，借助于一个缓冲制停区；借助于一个位于液压缸和液压阀之间的机械连杆，关闭通向液压缸的油路，使柱塞制停。

检验方法为电梯在上端站平层后，短接上限位和极限开关，以检修速度向上运行，检查柱塞在其行程的终端是否有缓冲制停。

(三) 缓冲停止

检验要求分为以下几点：①缓冲停止应符合下述要求之一，是液压缸的一部分；由位于轿厢投影部分以外的液压缸的一个或多个外部设备组成，其合力应施加在液压缸的中心线上。②对套筒式油缸，在缸筒柱塞之间应该装有限位停止开关，防止柱塞脱离相应的缸筒。

检验方法为目测检查，手动缓冲停止试验。

（四）同步机构

检验要求分为以下几点：①套筒式油缸应该设有机械或者液压同步机构；②如果是采用带液压同步机构的液压油缸，则应该设有一个电气装置，当油压超过满负荷压力的200%时，防止电梯正常启动运行。

检验方法分为以下几种：目测检查，审查套筒式油缸机械同步的钢丝绳或者链条安全系数计算资料，以及轿厢下行超速保护说明文件。

（五）油缸泄漏和排气装置

检验要求分为以下两点：①自缸筒端部泄漏的油液应该予以收集；②也需设置排气装置。

检验方法为目测检查油箱泄露和排气装置运行情况。

第五节 自动扶梯与自动人行道检验技术

自动扶梯和自动人行道检验技术指标和要求主要参照国际有关标准以及《自动扶梯和自动人行道的制造与安装安全规范》（GB 16899—2011）的规定。如发布了相应的新的国家标准，应以最新标准为准。具体的检验项目要求、方法如下。

一、电气设备与安装检验技术

（一）电路与电压

1.控制电路和安全回路的电压限制

检验要求为对于控制电路和安全回路，导体之间或导体对地之间的直流电压值或交流电压的有效值不应大于250 V。

检验方法为检查电气原理图，用万用表测试。

2.连接端子

检验要求为如果连接端子偶然短路可能导致自动扶梯或自动人

行道产生危险状态,则应完全地予以分离。

检验方法为检查连接电气原理图和连接端子实物。

3.静电防护

检验要求为应采取适当措施来释放静电(如静电刷)。

检验方法为检查静电保护的措施。

(二)接触器、接触器式继电器、安全电路组件

检验要求分为以下几点:①为使驱动主机停止运转,主接触器应属于下列类别,AC-3,用于交流电动机;DC-3,用于直流机组。②接触器式继电器应属于下列类别,AC-15,用于交流控制电路;DC-13,用于直流控制电路。③对于主接触器和接触器式继电器可假设,如果动断触点(常闭触点)中一个闭合,则全部动合触点断开;如果动合触点(常开触点)中一个闭合,则全部动断触点断开。④安全电路组件。如果使用的继电器动断和动合触点,不论衔铁处于任何位置均不能同时闭合,那么衔铁不完全吸合的可能性可不予考虑①。

检验方法为检查接触器、接触器式继电器、安全电路组件的产品标牌、出厂合格证或试验报告,检查实物,必要时可拆解试验。

(三)电动机的保护

1.短路保护

检验要求为直接与电源连接的电动机应进行短路保护。

检验方法为进行检查短路保护的型式试验,人为短接,检查短路保护是否起作用。

2.过载保护

检验要求分为以下几点:①直接与电源连接的电动机应采用手动复位的自动断路器进行过载保护,该断路器应切断电动机的所有供电;②当过载检测取决于电动机绕组温升时,保护装置可在绕组充分冷却后自动地闭合;③如果电动机具有多个不同电路供电的绕组,则要

①戚政武,林晓明.自动扶梯检验技术[M].北京:中国标准出版社,2016.

求也适用于每一绕组;④当自动扶梯或自动人行道的驱动电动机是由电动机驱动的直流发电机供电时,发电机的驱动电动机应设置过载保护。

检验方法为以下几种:①检查自动断路器设定容量是否合适,人为动作断路器,检查过载保护是否有效;②在样梯运行时,人为动作过载检测装置,检查保护装置是否起作用;③动作完成后,检查样梯的再启动条件;④对照电路图,检查电动机各绕组过载保护设置情况;⑤对照电路图,检查驱动电动机过载保护设置情况。

3.主开关

(1)设置

检验要求分为以下几点:①在驱动主机附近、转向站中或控制装置旁,应设置一个能切断电动机、制动器释放装置和控制电路电源的主开关;②该开关不应切断电源插座或检查和维修所必需的照明电路的电源;③当辅助设备(如加热装置、扶手照明和梳齿板照明)分别单独供电时,应能单独地切断;④各相应开关应位于主开关近旁,并应有明显的标志;⑤主开关应有切断自动扶梯或自动人行道在正常使用情况下最大电流的能力。

检验方法为根据设计文件和实物,判断主开关的容量和类别是否适当;断开主开关,检查照明、插座、通风及报警装置是否被切断。

(2)型式及识别

检验要求分为以下几点:①定义的主开关应能采用挂锁或其他等效方式锁住或使其处于"隔离"位置,以确保不会出现误操作;②主开关的控制机构应在打开门或活板门后能迅速且方便地操纵;③如果几台自动扶梯或自动人行道的各主开关设置在一个机房内,则各台自动扶梯或自动人行道主开关应易于识别。

4.电气配线

(1)导线截面积

检验要求为了保证足够机械强度,安全回路导线的名义截面积不应小于 0.75 mm²。

检验方法为用尺测量导线截面积。

（2）安装方法

检验要求为应随电气设备提供必要的、易于理解的说明。如果自动扶梯或自动人行道的主开关或其他开关断开后，一些连接端子仍然带电，则他们应与不带电端子明显地隔开，并且当带电端电压大于 50V 时，应标注适当标记。为保证机械防护的连续性，电缆防护套应引入开关和设备的壳体内，或在电缆端部应有适当的保护套管。

检验方法为检查安装的说明和标识。

（3）连接器件

检验要求为设置在安全相关电路中的不用工具即可拔出的连接器件和插装式装置应设计成在重新插入时绝不会插错。

二、支撑结构（桁架）和围板检验技术

（一）通用要求

1. 机械运动部分的封闭

检验要求为除使用者可踏上的梯级、踏板或胶带以及可接触的扶手带部分外，自动扶梯或自动人行道的所有机械运动部分均应完全封闭在无孔的围板或墙内，用于通风的孔是允许的。

2. 外装饰板强度

检验要求为在外装饰板上任意点垂直施加 250 N 的力作用在 25 cm² 面积上，外装饰板不应产生破损或导致缝隙的变形；固定件应设计成至少能够承受两倍的围板自重。

检验方法为用专用测量装置测试外装饰板变形。

3. 机械运动部分的围板

检验要求为如果采取了对公众不会产生危险的措施（如房间门上锁、只允许被授权的专业人员进入），机械运动部分可不设围板。

4.积聚杂物的清扫

检验要求为积聚的杂物(如润滑脂、油、灰尘、纸等)存在火灾的风险,因此应能清扫自动扶梯和自动人行道内部。

检验方法为目测自动扶梯和自动人行道内部是否有杂物。

5.通风孔的设置或布置

检验要求为一根直径为 10 mm 的刚性直杆应不能穿过围板,且不能穿过通风孔触及任何运动部件。

检验方法为用量棒或内孔测量工具测试通风孔直径。

6.外装饰板的电气保护

检验要求为任何设计成可被打开的外装饰板(如为清扫目的)应设置电气安全装置。

检验方法为目测外装饰板,手动打开试验。

(二) 倾斜角

检验要求为自动扶梯的倾斜角 α 不应大于30°,当提升高度不大于 6 m 且名义速度不大于 0.50 m/s 时,倾斜角 α 允许增至35°。自动人行道的倾斜角不应大于12°。

检验方法为检查设计图纸,用量角器测量角度足够超出范围。

(三) 内部入口

检验要求为桁架内的机房应只允许被授权的专业人员进入(如通过钥匙、出入控制)。

检验方法为目测机房人员是否为被授权人员。

(四) 检修盖板和楼层板

检验要求为检修盖板和楼层板应设置一个电气安全装置,检修盖板和楼层板应只能通过钥匙或专用工具开启。如果检修盖板和楼层板后的空间是可进入的,即使上了锁也应能从里面不用钥匙或工具把检修盖板和楼层板打开。检修盖板和楼层板应是无孔的。检修盖板应同时符合其安装所在位置的相关要求。

检验方法为目测是否有孔,使用钥匙和专用工具手动试验。

(五) 支撑结构设计

检验要求为自动扶梯或自动人行道支撑结构设计所依据的载荷有以下几种:自动扶梯或自动人行道的自重加上 5000 N/m² 的载荷,根据 5000 N/m² 的载荷计算和实测的最大挠度,不应大于支条距离的 1/750;对于公共交通型自动扶梯或自动人行道,根据 5000 N/m² 的载荷计算和实测的最大挠度,不应大于支承距离的 1/1000。

检验方法分为以下几点:①检查计算书;②对于自动扶梯和带附加制动器的自动人行道,应现场实测最大挠度。

三、梯级、踏板或胶带检验技术

(一) 通用要求

检验要求为在自动扶梯的载客区域,梯级踏面应是水平的,允许在运行方向上有 ±1° 的偏差;自动扶梯和自动人行道的踏面应提供一个安全的立足面。

检验方法为目测,必要时用仪器测试运行方向上的角度偏差。查阅证明文件,确认防滑性能符合要求。

(二) 尺寸

检验要求分为以下几点:①自动扶梯和自动人行道的名义宽度不应小于 0.58 m,也不应大于 1.10 m;对于倾斜角不大于 6° 的自动人行道,该宽度允许增大至 1.65 m。②梯级和踏板。梯级高度不应大于 0.24 m,深度不应小于 0.38 m。梯级踏面和踏板的表面应具有沿运行方向且与梳齿板的梳齿相啮合的齿槽。梯级踢板表面应做成合适的楞齿,齿形表面应光滑。梯级踏面的前端,应与相邻梯级踢板的齿槽相啮合。齿槽的宽度不应小于 5 mm,也不应大于 7 mm,深度不应小于 10 mm。梯级踏面、梯级踢板或踏板,其两侧边缘不应是齿槽。梯级踏面与踢板的交接处应消除锐角。③胶带。胶带应具有沿运行方向且与梳齿板的梳齿相啮合的齿槽。齿槽的宽度不应小于 4.5 mm,也不应大于 7 mm。该宽度应在胶带的踏面上测量。齿槽的深度不应小于 5 mm。齿的宽度不应小于 4.5 mm，也不应大于 8 mm。该宽度应在胶带的踏面上测量。胶带的两侧边缘不应是齿槽。胶带的拼接应保证其踏面的连续一致性。

检验方法为目测或用尺测量。

（三）结构设计

1.强度

检验要求为在考虑环境因素的情况下，材料应在规定的使用寿命周期内保持其强度特性。梯级、踏板和胶带应设计成能够承受正常运行时由导轨、导向和驱动系统施加的所有可能的载荷和扭曲作用，并应能承受 5000 N/m² 的均布载荷。为了确定胶带及其支承系统的尺寸，应以其有效宽度乘以 1.0 m 长的面积作为上述指定载荷的基础。

检验方法为查阅设计文件。

2.连接

检验要求为装配梯级和踏板的所有零部件（如嵌入件或固定件）应可靠连接，并在使用寿命周期内不会发生松动。嵌入件和固定件应能承受使梳齿板或梳齿支撑板的电气安全装置动作所产生的反作用力。

检验方法为现场检查连接件的可靠性。

3.梯级、踏板和胶带的导向

检验要求分为以下几点：①梯级或踏板偏离其导向系统的侧向位移，在任何一侧不应大于 4 mm，在两侧测得的总和不应大于 7 mm。对于垂直位移，梯级和踏板不应大于 4 mm，胶带不应大于 6 mm。②要求仅适用于梯级、踏板或胶带的工作区段。

4.梯级间或踏板间的间隙

检验要求分为以下几点：①在工作区段内的任何位置，从踏面测得的两个相邻梯级或两个相邻踏板之间的间隙不应大于 6 mm；②在出入口处,应提供突显梯级后缘的定界线(如梯级踏面上的槽);③在自动人行道过渡曲线区段,如果踏板的前缘和相邻踏板的后缘啮合,其间隙允许增至8 mm。

四、驱动装置检查检验技术

(一)速度

1.速度偏差

检验要求为在额定频率和额定电压下,梯级、踏板或胶带沿运行方向空载时所测得的速度与名义速度之间的最大允许偏差为±5%。

检验方法为在直线运行段,用秒表、直尺测量空载运行时梯级、踏板或胶带的运行时间和距离,并计算运行速度;然后和标称额定速度进行比较和计算;也可用精度不低于规定要求的其他等效方法。

2.名义速度

检验要求为自动扶梯的名义速度不应以下速度:自动扶梯倾斜角 α 大于30°但不大于35°时,为0.50 m/s,自动人行道的名义速度不应大于0.75 m/s;如果踏板或胶带的宽度不大于1.10 m,并且在出入口踏板或胶带进入梳齿板之前的水平距离不小于1.60 m时,自动人行道的名义速度最大允许达到0.90 m/s。

(二)工作制动器和梯级、踏板或胶带驱动装置之间的连接

检验要求分为以下几点:①工作制动器与梯级、踏板或胶带驱动装置之间的连接应优先采用非摩擦传动组件,如轴、齿轮、多排链条、两根或两根以上的单排链条。如果采用摩擦组件,如三角传动皮带(不允许使用平皮带),则应采用附加制动器。②所有驱动组件(包括主机轴、联轴器、驱动链条等)静力计算的安全系数不应小于5。如果采用三角传动皮带,不应少于3根。安全系数是驱动组件的破断力与驱动组件所受静力之比。

(三)手动盘车装置

检验要求为提供手动盘车装置,该装置应易于取用并可安全操

作;对于可拆卸的手动盘车装置,一个电气安全装置应在手动盘车装置装上驱动主机之前或装上时动作;不允许采用曲柄或多孔手轮。

(四) 停机及停止状态检查

检验要求为电源应由两个独立的接触器切断,这些接触器的触点应串联在供电回路中。当自动扶梯或自动人行道停止时,如果其中任一接触器的主触点未打开,则自动扶梯或自动人行道应不能重新启动。

检验方法为检查电气图纸是否符合要求;人为按住其中一个主接触器不释放,停车、再启动,检查自动扶梯或自动人行道是否能启动。交流或直流电动机由静态组件供电和控制。检验要求为应采用下方法:由两个独立的接触器切断电动机电流。自动扶梯或自动人行道停止时,如果其中任一接触器的主触点未打开,则自动扶梯或自动人行道应不能重新启动。一个由以下组件组成的系统:切断各相(极)电流的接触器。当自动扶梯或自动人行道停止时,如果接触器未释放,则自动扶梯或自动人行道应不能重新启动。用来阻断静态组件中电流流动的控制装置。用来检验自动扶梯或自动人行道每次停止时电流流动阻断情况的监控装置。在正常停止期间,如果静态组件未能有效阻断电流的流动,监控装置应使接触器释放并应防止自动扶梯或自动人行道重新启动。

检验方法为检查电气图纸是否符合要求;人为按住其中一个主接触器不释放,停车、再启动,检查自动扶梯或自动人行道是否能启动;分析静态组件功能是否满足要求。

(五) 工作制动器通用要求

1.制动系统

检验要求为自动扶梯和自动人行道应设置一个制动系统,该制动系统使自动扶梯和自动人行道有一个接近匀减速的制停过程直至停机,并使其保持停止状态(工作制动)。制动系统在使用过程中应无故意延迟。如果制停距离超过规定最大值的1.2倍,自动扶梯和自动人行道应在故障锁定被复位之后才能重新启动。自动扶梯和自动人行道启动后,应有一个装置监测制动系统的释放。

检验方法为观察制动系统的制动过程,检查是否接近匀减速制动。模拟制动距离过长的情况,检查故障锁定及复位的情况。

2.制动条件

检验要求为制动系统在下列情况下应能自动工作:动力电源失电;控制电路失电。

检验方法为运行时分别断开动力电源和控制电路,检查制动器的动作情况。

3.制动器型式

检验要求为工作制动应使用机电式制动器或其他制动器来完成。如果不采用机电式工作制动器,则应装设附加制动器。能用手释放的制动器,应由手的持续力使制动器保持松开状态。

4.机电式制动器

(1)控制

检验要求为供电的中断应至少由两套独立的电气装置来实现,这些电气装置可以是切断驱动主机供电的装置。当自动扶梯或自动人行道停机时,如果这些电气装置中的任一个未断开,自动扶梯或自动人行道应不能重新启动。

检验方法为检查电气原理图,检查供电的中断是否由两套独立的电气装置来实现;人为按住其中一个电气装置(接触器)不释放,停车,再启动,检查自动扶梯或自动人行道是否能重新启动。

(2)自动扶梯制动距离

检验要求为空载和有载向下运行自动扶梯的制停距离应符合表7-1的规定。

表7-1　室载和有载向下运行自动扶梯的制停距离

名义速度p/(m/s)	制停距离范围/m
0.50	0.20~1.00

名义速度p/(m/s)	制停距离范围/m
0.65	0.30～1.30
0.75	0.40～1.50

检验方法为制停距离应从电气制动装置动作时开始测量,采样获得的减速度原始减速信号应经过4.0 Hz两阶巴特沃斯滤波器滤波:①空载制停距离试验。将感应组件对(如光电开关、磁开关等)分别固定在梯级和围裙板上,并将感应组件的触点串接在安全回路中;启动自动扶梯或自动人行道至额定速度,当感应组件对重合时,安全回路作用使自动扶梯或自动人行道自动停止;测量感应组件对之间的距离,即为制停距离。②自动扶梯有载下行制停距离试验。确定制动载荷,总制动载荷=每个梯级载荷×提升高度/最大可见梯级踢板高度。将总制动载荷均匀分布在上部2/3的梯级上和空载制停距离检查方法相同,布置感应组件上,向下启动自动扶梯,进入额定速度运行后制动切断安全回路,同时测量减速过程中的减速度变化过程。检查制停距离是否符合要求。③也可用精度不低于规定要求的其他等效方法。

(3)自动人行道制动距离

检验要求为空载和有载水平运行或有载向下运行自动人行道的制停距离应符合表7-2的规定。如果速度在上述数值之间,制停距离用插入法计算。

检验方法分为以下几种:①空载制动距离试验应在自动人行道上行或水平运行时进行,其方法和自动扶梯空载制动距离试验相同;②现场可不进行有载制动距离试验,但应审核相应计算书。

表7-2　自动扶梯有载下行时每个梯级的载荷

名义宽度z_1/m	每个梯级上的制动载荷/kg
$z_1 \leqslant 0.60$	60
$0.60 < z_1 \leqslant 0.80$	90
$0.80 < z_1 \leqslant 1.10$	120

（4）附加制动器

第一，设置条件的检验要求为在下列任何一种情况下，自动扶梯和倾斜式自动人行道应设置附加制动器：工作制动器与梯级、踏板或胶带驱动装置之间不是用轴、齿轮、多排链条或多根单排链条连接的；工作制动器不是规定的机电式制动器；公共交通型自动扶梯或自动人行道。检验方法为检查制动设备配置是否符合要求并设计文件相对照。

第二，制动原理和连接方式的检验要求为附加制动器应为机械式的（利用摩擦原理）。切断附加制动器电源后，附加制动器应处于动作状态。附加制动器与梯级、踏板或胶带驱动装置之间应用轴、齿轮、多排链条或多根单排链条连接，不允许采用摩擦传动组件（如离合器）构成的连接。对于梯级链条或踏板链条传动的自动扶梯和自动人行道，其附加制动器应能防止驱动系统移位和失效而造成梯级或踏板逆转。不允许将工作制动器作为附加制动器使用。检验方法为分析其制动工作原理是否利用摩擦原理，检查连接型式和可靠性。

第三，作用条件。检验要求为附加制动器在下列任何一种情况下都应起作用：在速度超过名义速度 1.4 倍之前；在梯级、踏板或胶带改变其规定运行方向时。附加制动器在动作开始时应强制地切断控制电路。附加制动器在达到条件时，应立即无延迟地动作。检验方法为分析设计作用原理和电气原理图；手动切断试验。

（5）超速保护和非操纵逆转保护

检验要求分为以下几点：①自动扶梯和自动人行道应在速度超过名义速度的 1.2 倍之前自动停止运行。如果采用速度限制装置，该装置应能在速度超过名义速度的 1.2 倍之前切断自动扶梯或自动人行道的电源。如果自动扶梯或自动人行道的设计能防止超速，则可不考虑上述要求。②自动扶梯和 $\alpha \geq 6°$ 的倾斜式自动人行道应设置一个装置，使其在梯级、踏板或胶带改变规定运行方向时自动停止运行，正常上行时逆转下行和正常下行时逆转上行两种工况下均应起作用。

检验方法分为以下几种：①如果交流电动机与梯级、踏板或胶带间的驱动是非摩擦性的连接，并且转差率不超过10%，允许不装设超速保护装置。如果使用了同步电机，则必须装设超速保护装置。②超速保护和非操纵逆转保护可装设在梯级、踏板或胶带驱动装置上。若驱动主机的交流电动机与梯级、踏板或胶带驱动装置之间是用轴、齿轮、多排链条或多根单排链条连接的，且装设了防止链条松弛和断裂电气安全保护装置，则超速保护和非操纵逆转保护装置也可装设在驱动主机轴或与其刚性连接的附件上。

（6）梯级和踏板的驱动

第一，链条数量。检验要求为自动扶梯的梯级应至少用两根链条驱动，梯级的每侧应不少于一根。如果自动人行道的踏板在工作区段内的平行运动用其他机械方法保证，允许用一根链条驱动。

第二，设计要求。检验要求为梯级和踏板链应按照名义无限疲劳寿命设计。每根链条的安全系数不应小于5，梯级链应进行拉伸试验。检验方法为检查材质化验报告；检查关于拉伸试验的第三方委托报告；检查应用于整机上的强度计算书。

第三，张紧装置。检验要求为链条应能连续地张紧。不允许采用拉伸弹簧作为张紧装置。如果采用重块张紧，则一旦悬挂装置断裂，重块应能安全地被截住。检验方法为测试张紧装置的可移动距离，分析其结构型式。

（7）胶带的驱动

第一，安全系数。检验要求为根据动载荷计算的胶带及其接头的安全系数不应小于5。检验方法为检查计算书。

第二，张紧装置。检验要求为胶带应由滚筒驱动并能连续和自动地张紧，不允许采用拉伸弹簧作为张紧装置。如果采用重块张紧，则一旦悬挂装置断裂，重块应能安全地被截住。检验方法为分析其结构型式。

五、扶手装置

(一) 通用要求

检验要求为自动扶梯或自动人行道的两侧应装设扶手装置。

检验方法为目测是否装设扶手装置。

(二) 围裙板

1.结构

检验要求为围裙板应垂直、平滑且是对接缝的。对于长距离的自动人行道,在其跨越建筑伸缩缝部位的围裙板的接缝处可采取其他特殊连接方法(如滑动接头)来替代对接缝。

检验方法为目测围裙板设置是否达到要求。

2.高度

检验要求为围裙板上缘、内盖板折线底部或围裙板防夹装置刚性部分的底部与梯级前缘的连线、踏板或胶带踏面之间的垂直距离不应小于25 mm。

检验方法为用尺测量。

3.刚度

检验要求为在围裙板的最不利部位,垂直施加一个1500 N的力于25 cm²的方形或圆形面积上,其凹陷不应大于4 mm,且不应由此而导致永久变形。

检验方法为用仪器测量刚度。

4.减少迟滞措施

检验要求为对自动扶梯,应降低梯级和围裙板之间滞阻的可能性。为此,应满足下列三个条件。

第一,应装设符合下列规定的围裙板防夹装置,由刚性和柔性部件(如毛刷、橡胶型材)组成。从围裙板垂直表面起的突出量应最小为33 mm,最大为50 mm。在刚性部件突出区域施加900 N的力,该力垂直于刚性部件连接线并均匀作用在一块6 cm²的矩形面积上,不应产生脱离和永久变形。刚性部件应有 18 mm 到 25 mm 的水平突出,并具有符合规定的强度。柔性部件的水平突出应为最小 15 mm,最大 30 mm。在倾斜区段,围裙板防夹装置的刚性部件最下缘与梯级前缘连线的垂直距离应在 25 mm 和 30 mm 之间。

第二,在过渡区段和水平区段,围裙板防夹装置的刚性部件最下缘与梯级表面最高位置的距离应在 25 mm 和 55 mm 之间。刚性部件的下表面应与围裙板形成向上不小于 25° 的倾斜角,其上表面应与围裙板形成向下不小于 25° 倾斜角。围裙板防夹装置边缘应倒圆角。紧固件和连接件不应突出至运行区域。围裙板防夹装置的末端部分应逐渐缩减并与围裙板平滑相连。围裙板防夹装置的端点应位于梳齿与踏面相交线前(梯级侧)不小于 50 mm、最大 150 mm 的位置。

第三,围裙板防夹装置下方的围裙板宜采用合适的材料或合适的表面处理方式,以减小其与皮革(湿和干)、橡胶(干)之间的摩擦系数。

检验方法为用尺子测量几何尺寸、安装尺寸;用仪器测试围裙板防夹装置形变;查阅刚性部件的设计文件,检查其倾斜角等外观尺寸,必要时测量;查阅围裙板防夹装置下方的围裙板型式试验报告。

(三)扶手转向端

检验要求为包括扶手带在内的扶手转向端,距梳齿与踏面相交线的纵向水平距离不应小于 0.60 m。在出入口,扶手带水平部分的延伸长度自梳齿与踏面相交线起不应小于 0.30 m。对于倾斜式自动人行道,如果出入口不设置水平段,其扶手带延伸段的倾斜角可与自动人行道的倾斜角相同。检验方法为用尺子测量几何尺寸。

(四)梯级、踏板或胶带与围裙板之间的间隙

检验要求为自动扶梯或自动人行道的围裙板设置在梯级、踏板或胶带的两侧,任何一侧的水平间隙不应大于 4 mm,在两侧对称位置处测得的间隙总和不应大于 7 mm。如果自动人行道的围裙板位于踏板或胶带之上,则踏面与围裙板下端间所测得的垂直间隙不应大于

4 mm。踏板或胶带的横向摆动不应在踏板或胶带的侧边与围裙板垂直投影间产生间隙。

检验方法为用尺子测量几何尺寸。

(五) 扶手带系统

1. 通用要求

检验要求为每一扶手装置的顶部应装有运行的扶手带,其运行方向应与梯级、踏板或胶带相同。在正常运行条件下,扶手带的运行速度相对于梯级、踏板或胶带实际速度的允差为0%～2%,应提供扶手带速度监测装置,在自动扶梯和自动人行道运行时,当扶手带速度偏离梯级、踏板或胶带实际速度大于-15%且持续时间大于15s时,该装置应使自动扶梯或自动人行道停止运行。

检验方法分为以下几点:①用仪器测试扶手带上下两个方向上的运行速度,分别和测得的梯级、踏板或胶带实际速度相比较,计算其差值。②检查速度监测装置的设定参数。在样梯运行时,模拟该装置动作,检查样梯的状态变化情况。

2. 扶手带截面和位置

检验要求分为以下几点:①扶手装置的扶手带截面及其导轨的成形组合件不应挤夹手指或手;②扶手带开口处与导轨或扶手支架之间的距离在任何情况下均不应大于8 mm;③扶手带宽度应在70 mm与100 mm之间;④扶手带与扶手装置边缘之间的距离不应大于50 mm。

检验方法为目测扶手带位置是否符合标准,用尺测量扶手带截面尺寸。

3. 扶手带中心线之间距离

检验要求为扶手带中心线之间距离所超出围裙板之间距离的值不应大于0.45 m。

检验方法为用尺测量扶手带中心线之间距离是否合理。

4.扶手带入口

检验要求为扶手带在扶手转向端入口处的最低点与地板之间的距离不应小于0.10 m,也不应大于0.25 m。扶手转向端顶点到扶手带入口处之间的水平距离不应小于0.30 m。在扶手转向端的扶手带入口处应设置手指和手的保护装置,并应设置安全装置。

检验方法分为以下几点:①用尺测量扶手带入口尺寸;②查阅手指和手的保护装置的设计图纸;③模拟动作,检查能否正常动作。

六、出入口

(一) 表面特性

检验要求为自动扶梯和自动人行道在出入口区域(如梳齿支撑板和楼层板)应具有一个安全的立足面(梳齿板除外),该面从梳齿板齿根部起测量的纵深距离不应小于0.85 m。材料滑动性能应经过型式试验。

检验方法为用尺测量纵深尺寸和查阅材料滑动性型式试验报告。

(二) 梯级、踏板和胶带的位置

1.水平移动距离

检验要求分为以下几点:①自动扶梯梯级在出入口处应有导向,使其从梳齿板出来的梯级前缘和进入梳齿板的梯级后缘应有一段不小于0.8 m长的水平移动距离。②如果名义速度大于0.50 m/s但不大于0.65 m/s,或提升高度大于6 m,该水平移动距离不应小于1.2 m。③如果名义速度大于0.65 m/s,该水平移动距离不应小于1.6 m。④在水平运动区段内,两个相邻梯级之间的高度差最大允许为4 mm。⑤对踏板式自动人行道,离开梳齿板的踏板前缘和进入梳齿板的踏板后缘,应有一段不小于0.4 m、不改变角度的移动距离。⑤倾斜角大于6°的自动人行道,其上部出入口的踏板或胶带在进入梳齿板之前或离开梳齿板之后,应有一段不小于0.4 m,最大倾斜角为6°的移动距离。

2.梯级或踏板下陷保护

检验要求为在梳齿板区段应采取措施以保证梳齿和踏面齿槽正确啮合。胶带在该区段应采用适当的方法支撑,如滚筒、滚轮、滑板。如果因梯级或踏板的任何部分下陷而不能再保证与梳齿板的啮合,电气安全装置应使自动扶梯或自动人行道停止运行。该安全装置应设置在每个过渡圆弧段之前,以保证下陷的梯级或踏板在到达梳齿与踏面相交线前有足够的距离。该监测装置可监测梯级或踏板的任一位置。

检验方法为用尺测量梯级或踏板保护安装位置,手动下陷试验。

(三) 梳齿板

检验要求分为以下几点:①梳齿板应安装在两端出入口处,以方便使用者出入。梳齿板应易于更换。②梳齿板的梳齿应与梯级、踏板或胶带的齿槽相啮合,在梳齿板踏面位置测量梳齿的宽度不应小于2.5 mm。③梳齿板的端部应为圆角,其形状应做成使其在与梯级、踏板或胶带之间造成挤夹的风险尽可能降至最低。④梳齿端的圆角半径不应大于2 mm。⑤梳齿板的梳齿应具有在使用者离开自动扶梯或自动人行道时不会绊倒的形状和斜度,设计角不应大于35°。⑥梳齿板或其支撑结构应为可调式的,以保证正确啮合。⑦梳齿板应设计成当有异物卡入时,梳齿在变形情况下仍能保持与梯级或踏板正常啮合,或者梳齿断裂。⑧如果卡入异物后并不是正常或断裂的状态,梳齿板与梯级或踏板发生碰撞时,自动扶梯或自动人行道应自动停止运行。

检验方法分为以下几种:①查阅梳齿板设计文件;②用尺测量梳齿板几何尺寸;③手动进行卡入试验,检查电气安全装置的动作情况。

第六节 杂物电梯检验技术

一、井道相关项目的检查

(一) 井道的围封

检验要求为除必要的开口外,井道应当由无孔的墙、井道底板和顶板与周围环境分开,只允许有下述开口:①层门开口;②通往井道的检修门和检修活板门的开口;③火灾情况下,气体和烟雾的排气孔;④通风孔;⑤井道与机房之间必要的功能性开孔;⑥杂物电梯之间或与电梯之间隔板上的开孔;⑦对于人员可进入的机房,井道与机房隔开的顶板上的开孔。

检验方法为审核井道布置图或者现场检查。

(二) 检修门和检修活板门

1.门的具体要求

检验要求为检修门和垂直铰接的检修活板门不得向井道内部开启;门上应当装设用钥匙开启的锁,当门开启后,不用钥匙也能将其关闭和锁住;门锁住后,不用钥匙也能够从井道内将门打开。

检验方法为现场目测,手动试验并检查井道布置图。

2.关闭验证

检验要求为只有检修门和检修活板门均处于关闭位置时,杂物电梯才能运行。为此,应采用符合标准规定的电气安全装置证实上述门的关闭状态。该项要求不适用于仅通向驱动主机及其附件的检修门和检修活板门,但适用于通向井道中装有限速器的检修门和检修活板门。

检验方法为现场检查确认是否采用的是电气安全装置验证门的关闭状态。打开检修门和检修活板门,杂物电梯应不能启动或立即停止运行。

(三) 通风

检验要求为井道除用于机房(机罩)以及滑轮间通风外,不能用于其他用房的通风。

检验方法为审核井道通风布置图或者现场检查。

(四) 井道内的部件设置

检验要求为从层门地坎上任何一点到需要维护、调节或检修的任一部件的距离应不大于 600 mm。如果达不到以上要求,则应提供检修门或检修活板门,并设置在与上述要求相应的位置。如未按上述要求设置,则井道应允许进入,且轿厢应设置可在任一层站附近防止轿厢移动的装置。该装置应符合以下规定:①若人员可进入轿顶,则轿厢应设置机械停止装置使其停在指定位置上,在进入轿顶前由任职人员触发该装置。该装置能防止轿厢意外下行且至少承受的静载荷为空载轿厢的质量加 200 kg。同时应在轿顶或每一层门旁设置符合标准要求的停止装置。②轿顶在其任意位置上应能支承两个人的重量,每个人按 0.20 m×0.20 m 的面积上作用 1000 N 的力应无永久变形。③该装置在顶层高度范围停止轿厢时,应保证在轿顶以上有 1.80 m 的自由垂直距离[①]。

检验方法为现场检查,用尺测量尺寸并判定设置是否合理。

(五) 底坑下的空间

检验要求为若在杂物电梯的轿厢和对重(或平衡重)之下确有人能够到达的空间存在,则应按规定采取防护措施。

检验方法为审核井道底坑布置图,并进行现场空间检查。

(六) 井道内的防护

检验要求分为以下几点:①在维护人员可进入的井道下部,对重(或平衡重)的运行区域应按条的规定采取防护措施。②装有多台电

---

①肖玉彤,张伟. 浅析如何对杂物电梯进行检验[J]. 科技风,2013(13):259.

梯的井道,不同电梯的运动部件之间设置隔障,隔障应至少从轿厢、对重(或平衡重)行程的最低点延伸到最低层站楼面以上 2.50 m 的高度,宽度应能防止人员从一个底坑通往另一个底坑。若轿顶边缘与相邻电梯的运动部件之间的水平距离小于 0.50 m,则隔障应延伸到整个井道高度,其宽度不应小于运动部件或其需要防护部分的宽度两边各加 0.10 m。

检验方法为审核井道防护布置图并现场目测检查,必要时用卷尺测量距离。

(七)顶层高度

检验要求分为以下几点。

第一,曳引式杂物电梯的顶部间距。当对重停在其限位挡块上或其完全压在缓冲器上时,轿厢导轨的长度应能提供不小于 0.10 m 的进一步制导行程。当轿厢停在其限位挡块上或其完全压在缓冲器上时,对重导轨的长度应能提供不小于 0.10 m 的进一步制导行程。

第二,强制式杂物电梯的顶部间距。轿厢从顶层层站向上直到撞击井道顶部最低部件时的制导行程不应小于 0.20 m。当轿厢停在其限位挡块上或其完全压在缓冲器上时,平衡重(如有)的导轨长度应能提供不小于 0.10 m 的进一步制导行程。液压杂物电梯的顶部间距,当柱塞通过其行程限位装置到达其上限位置时,轿厢的导轨长度应能提供不小于 0.10 m 的进一步制导行程。当轿厢停在其限位挡块上或其完全压在缓冲器上时,平衡重(如有)的导轨长度应能提供不小于 0.10 m 的进一步制导行程。

检验方法为审核井道布置图以及设计资料,并现场用尺测量。

(八)底坑

检验要求分为以下几点:①井道下部应设置底坑,除必需的部件和装置外,其底部应光滑平整,不得渗水或漏水;②如底坑是可进入的,底坑内应有符合标准要求的停止开关和电源插座,停止开关应在打开门进底坑时容易接近,并应标出"停止"字样;③如底坑是不可进入的,底坑地面应能从井道外部进行清扫。

二、机房检验技术

(一) 机房的用途和设置

检验要求为机房不应用于杂物电梯以外的其他用途,也不应设置非杂物电梯用的线槽、电缆或装置。如果机房不与井道相邻,连接机房与井道的液压管道和电气线路应全部或部分安装在专门预留的套管或线槽内。

检验方法为外观检查。

(二) 通道的设置

检验要求为应为杂物电梯驱动主机及其附件的检修门或检修活板门提供安全、无障碍的通道。这些门的最小净尺寸应满足更换部件的需要。检修门或检修活板门在开启时不应占用用来检修、维护、操作的空间。

检验方法为审核井道布置图以及设计资料,或者现场检查。

(三) 照明及插座

检验要求为机房内应至少提供一个电源插座,插座电源和机房照明电源(如有)应与杂物电梯驱动主机电源分开。插座应是 2P+PE 型 250 V,由主电源直接供电。

检验方法为照明及插座外观检查,手动供电试验。

(四) 设备搬运

检验要求为在机房顶梁或横梁的适当位置上应装备具有安全工作载荷标志的金属支架或吊钩,以便起吊较重设备。

三、轿厢、对重和平衡重检验技术

(一) 轿厢尺寸及额定载重量

检验要求分为以下几点:①轿厢尺寸,面积应不大于 1.0 m,深度应不大于 1.0 m,高度应不大于 1.20 m;②如果轿厢由几个固定的间隔组成,且每一间隔都满足上述要求,则轿厢总高度允许大于 1.20 m,额定载重量应不大于 300 kg。

(二) 材质及封闭

检验要求为轿厢应由轿壁、轿厢地板和轿顶完全封闭,唯一允许的开口是装载和卸载的入口。轿厢不应使用易燃或可能产生有害或大量气体和烟雾的材料。

检验方法为观察材质的质量和封闭状态的检查。

(三) 机械强度

检验要求为轿壁、轿厢地板和轿顶及其总成应有足够的机械强度:用 300 N 的力均匀地分布在 5 cm² 的圆形或方形面积上,从轿厢内向外垂直作用于轿壁的任何位置应无永久性变形且弹性变形不大于 15 mm。

检验方法为查阅设计资料,或利用测力计、砝码手动试验。

(四) 轿厢入口

检验要求为若在运行过程中运送的货物可能触及井道壁,则在轿厢入口处应设置适当部件,如挡板、栅栏、卷帘以及轿门,特别是具有贯通入口或者相邻入口的轿厢,应防止货物超出轿厢。这些部件应配有符合标准要求的用来证实其关闭位置的电气安全装置。

(五) 轿厢与面对轿厢入口的井道壁的间距

检验要求为在层门全开状态下,轿厢和层门或层门框架之间的间隙不应大于 30 mm。

检验方法为目测检查层门状态,用尺测量间隙的大小。

(六) 护脚板和自动搭接地坎

检验要求分为以下几点:①每一轿厢地坎上都应设置护脚板,其宽度应等于相应层站入口的整个净宽度。护脚板垂直部分以下应成斜面向下延伸,斜面与水平面的夹角应大于 60°,该斜面在水平面上的投影深度不得小于 20 mm。护脚板垂直部分的高度不应小于有效开锁区域的高度。②如果杂物电梯采用垂直滑动门且其服务位置与层站地面等高,则可用固定在层站上的自动搭接地坎代替护脚板。

检验方法为目测检查护脚板和自动搭接地坎,用尺测量角度和深度。

(七) 轿门

检验要求为如设有轿门,轿门应是无孔的、网格的或孔板的,除必要的间隙外,轿门关闭后应将轿厢入口完全封闭。

四、层门检验技术

(一) 层门及间隙

检验要求为进入轿厢的井道开口处应设置无孔的层门。层门关闭后,门扇之间及门扇与立柱、门楣和地坎之间的间隙应尽可能小。此运动间隙不得大于 6 mm。由于磨损,间隙值允许达到 10 mm。如果有凹进部分,间隙从凹底处测量。

检验方法为用斜塞尺测量。

(二) 地坎

检验要求为每一个层站入口应该装设一个具有足够强度的地坎,以承受通过它运入轿厢的载荷。

检验方法为观察检查地坎的强度和载荷。

(三) 导向装置

检验要求分为以下几点:①层门的设计应防止正常运行中脱轨、机械卡阻或行程终端错位;②水平滑动层门的顶部和底部都应该设有导向装置;③垂直滑动层门两边都应该设有导向装置,即使在悬挂部件断裂时,层门也不应脱离导向装置。

检验方法为审查导向设计资料,外观检查,手动滑动门试验。

(四) 防撞击的保护装置

检验要求为对于动力驱动的滑动门,若人员或货物被门扇撞击或将被撞击时,一个保护装置应自动地使门重新开启。如在入口处用手动方式使门关闭,则该装置可不起作用。此保护装置的作用可在每个主动门扇最后 50 mm 的行程中被消除。

检验方法为在层门关闭过程中,试验人员使物体从门口经过,观察门的动作情况。

(五) 剪切危险的防护

检验要求为为了避免运行期间发生剪切的危险,动力驱动的滑动门外表面不应有大于 3 mm 的凹进或凸出部分,这些凹进或凸出部分的边缘应在开门运行方向上倒角,层门的开锁三角钥匙孔和有孔轿门除外。

检验方法为运行时外观检查,用尺测量角度和尺寸。

(六) 指示信号

检验要求为如果层门是手动开启的,使用人员在开门前,必须能知道轿厢是否在层站,"轿厢在此"信号应在轿厢停留在层站的整个时段内保持燃亮。

检验方法为观察信号足够在规定时间保持燃亮检查。

(七) 局部照明

检验要求为在层站地坎附近的自然或人工照明不应小于 50 lx,以便安全使用杂物电梯。

检验方法为用照度计测量照明照度是否合理。

(八) 对坠落危险的防护

检验要求为在正常运行时,应不能打开层门(或多扇层门中的任意一扇),除非轿厢在该层门的开锁区域内停止或停站,开锁区域不应大于层站平层位置上下的 0.20 m。

(九) 对剪切的防护

检验要求为如果一个层门或多扇层门中的任何一扇门开着,在正常操作情况下,应不能启动电梯或保持电梯继续运行。在开锁区域内,只要符合相应条件,允许杂物电梯开着门,在相应的层门地坎处进行平层、再平层或电气防沉降运行。

检验方法为运行中层门和地坎外观检查,手动沉降试验。

(十)锁紧装置

检验要求分为以下几点:①每个层门都应设置锁紧装置;②当杂物电梯额定速度≤0.63 m/s、开门高度≤1.2 m,且层门地坎高度≥20.7 m时,锁紧无需电气验证,层门无需在轿厢移动之前进行锁紧;③当轿厢驶离开锁区域时,锁紧组件应自动闭合,而且除了正常锁紧位置外,无论证实层门关闭的电气控制装置是否起作用,都应至少有第二个锁紧位置。

检验方法为锁紧装置外观检查,手动锁紧试验。

(十一)锁紧组件

检验要求为锁紧组件的啮合应能满足在沿着开门方向施加300 N的力的情况下不会降低锁紧有效性。

检验方法为锁紧组件啮合检查,手动锁紧和开门试验。

(十二)锁紧状态的保持

检验要求分为以下几点:①应由重力、永久磁铁或弹簧来产生和保持门锁的锁紧动作;②应采用有导向的压缩弹簧,且弹簧的结构应满足在开锁时弹簧不会被压并圈;③即使永久磁铁(或弹簧)失效,重力亦不应导致开锁;④如果锁紧组件是通过永久磁铁的作用保持其锁紧位置,则一种简单的方法(如加热或冲击)不应使其失效。

检验方法为目测锁紧状态并分析结构和安装情况。

(十三)门锁装置的防护

检验要求为门锁装置应有防护,以避免可能妨碍正常功能的积尘危险,但工作部件应易于检查。

检验方法为目测门锁锁紧防护情况。

(十四)锁紧位置

检验要求为对于铰链门,锁紧应尽可能接近门的垂直闭合边缘处,即使在门下垂时,也能保持锁住,锁紧元件啮合应不小于 10 mm;对于滑动门,锁紧应尽可能接近主动门扇的关闭边缘处,对于垂直中分式滑动门,门锁应位于上门扇上。

(十五) 层门关闭验证

检验要求分为以下几点:①每个层门应设有电气安全装置,以证实它的闭合位置,从而满足对剪切的保护;②在与轿门联动的滑动层门的情况下,倘若证实层门锁紧状态的装置是依赖层门的有效关闭,则该装置同时可作为证实层门闭合的装置;③在铰链式层门的情况下,此装置应装于门的闭合边缘处或验证层门闭合状态的机械装置上。

检验方法为目测检查并手动试验每个层门的锁紧装置,审查使用说明文件;轿厢在开锁区域外,逐一打开层门,检查层门能否自动关闭。

(十六) 紧急开锁

检验要求分为以下几点:钥匙应只交给一个负责人员;钥匙应带有书面说明,详述必须采取的预防措施,以防止开锁后因未能有效地重新锁上;在一次紧急开锁以后,锁紧装置在层门闭合下,不应保持开锁位置;在轿门驱动层门的情况下,当轿厢在开锁区域之外时,层门无论因为何种原因而开启,应有一种装置(重块或弹簧)能确保该层门自动关闭。

检验方法为在电梯运行过程中打开层门,电梯应该停止运行,同时目测检查紧急开锁装置是否符合要求,最后检查层门自动关闭的功能是否有效。

(十七) 直接、间接机械连接的多扇滑动门

检验要求分为以下几点:①如果滑动门是由数个直接机械连接的门扇组成,则允许验证层门锁紧和闭合状态的电气安全装置装在一个门扇上,且若仅锁紧一个门扇,则应在关闭位置采用钩住其他门扇的方法,使如此单一门扇的锁紧能防止其他门扇的开启。②如果滑动门

是由数个间接机械连接（如用钢丝绳、皮带或链条）的门扇组成，允许只锁紧一扇门，其条件是这个门扇的单一锁紧能防止其他门扇的打开，且这些门扇均未装设手柄。未被锁住的其他门扇的闭合位置应由一个符合标准要求的电气安全装置来证实。

检验方法为目测检查滑动门状态，分析结构是否符合要求。

五、导轨

（一）导向

检验要求为轿厢、对重（或平衡重）各自应至少由两根刚性的钢质导轨导向。

检验方法为目测检查导轨导向。

（二）材料

检验要求为对于额定速度大于 0.4 m/s 的杂物电梯，导轨应用冷拉钢材制成，或工作表面采用机械加工方法制作；对于没有安全钳的轿厢、对重（或平衡重）导轨，可使用成型金属板材，但应采取防腐蚀措施。

检验方法为根据电梯速度和安全钳类型目测检查。

（三）固定

检验要求为导轨与导轨支架在建筑物上的固定，应能自动地或采用简单调节的方法对建筑物的正常沉降和混凝土收缩的影响予以补偿，应防止导轨附件的转动造成导轨的松动。

检验方法为审查安装图中的固定装置，目测检查实物并分析其结构。

第八章 电梯部件检验检测技术

第一节 电梯限速器、安全钳、缓冲器和门锁装置的检验项目

一、限速器检验项目

(一) 检验内容与要求

第一,限速器上应当设有铭牌,标明制造单位名称、型号、规格参数和型式试验机构标识,铭牌和型式试验合格证、调试证书内容应当相符。

第二,限速器或者其他装置上,应当设有在轿厢上行或者下行速度达到限速器动作速度之前动作的电气安全装置,验证限速器复位状态的电气安全装置。

第三,使用周期达到 2 年的电梯,或者限速器动作出现异常、限速器各调节部位标记损坏的电梯,应当由经许可的电梯检验机构或者电梯生产单位对限速器进行动作速度校验,并且由该单位出具校验报告。

(二) 限速器检验项目解读

第一项对限速器铭牌提出了要求,增加了型号和型式试验机构标识等要求,并要求铭牌和型式试验合格证、调试证书内容应当相符。

第二项中所述的"在轿厢上行或者下行速度达到限速器动作速度之前动作的电气安全装置",可装设在限速器上,亦可装设在其他装置上,例如停止轿厢上行的开关可以装设在轿厢上行超速保护装置上[1]。

---

[1]余宁. 电梯安装与调试技术[M]. 南京:东南大学出版社,2011.

第三项对限速器动作速度的校验提出了要求。由检验人员审查限速器动作速度校验报告。进行限速器动作速度校验的单位可以是经国家质检总局核准,具有电梯检验资格的特种设备检验机构,也可以是经国家质检总局许可,具有电梯制造、安装、改造、维修资格的电梯生产单位以及限速器制造单位;实施电梯检验的人员通过审查由校验单位出具的限速器动作速度校验报告,对照限速器铭牌上的相关参数,判断动作速度是否符合要求。校验报告应当至少包括校验单位名称,核准证或许可证编号、所校验限速器的唯一标识和型号及铭牌参数、相应电梯的唯一标识、校验用设备的名称和编号及计量合格证书编号、校验结果和结论、校验时间、校验人签名、校验单位公章等内容。

二、安全钳检验项目

(一) 检验内容与要求

安全钳上应当设有铭牌,标明制造单位名称、型号、规格参数和型式试验机构标识,铭牌、型式试验合格证、调试证书内容与实物应当相符。轿厢上应当装设一个在轿厢安全钳动作以前或同时动作的电气安全装置。

(二) 安全钳检验项目解读

电气安全装置俗称"安全钳联动开关",通常装设在轿厢上,多数安装在轿顶,也有的安装在轿底。没有规定该电气安全装置必须是自动复位型或者非自动复位型,不论是哪种复位型式,只要是电气安全装置且能有效动作即可。

三、缓冲器检验项目

(一) 检验内容与要求

第一,轿厢和对重的行程底部极限位置应当设置缓冲器,强制驱动电梯还应当在行程上部极限位置设置缓冲器;蓄能型缓冲器只能用于额定速度不大于 1 m/s 的电梯,耗能型缓冲器可以用于任何额定速度的电梯。

第二,缓冲器上应当设有铭牌或者标签,标明制造单位名称、型号、规格参数和型式试验机构标识,铭牌或者标识和型式试验合格证内容应当相符。

第三,缓冲器应当固定可靠。

第四,耗能型缓冲器液位应当正确,有验证柱塞复位的电气安全装置。

第五,对重缓冲器附近应当设置永久性的明显标识,标明当轿厢位于顶层端站平层位置时,对重装置撞板与其缓冲器顶面间的最大允许垂直距离;并且该垂直距离不超过最大允许值。

(二) 缓冲器检验项目解读

轿厢位于顶层端站平层位置时对重装置撞板与其缓冲器顶面间的距离大小,对曳引电梯顶部空间尺寸有影响。该距离增大,则顶部空间尺寸将减小。电梯使用一段时间后,由于钢丝绳的自然延伸,将导致该距离不断减小,从而影响到上极限开关的动作有效性,甚至当轿厢位于顶层端站平层位置时对重已经接触其缓冲器,为消除此现象,安装或者维修单位往往会截短钢丝绳,或者去除预先安装在对重底部的撞块。此时,对重装置撞板与其缓冲器顶面间的距离将变大,而顶部空间尺寸将相应减小。

四、门锁装置检验项目

(一) 门的锁紧

1.检验内容与要求

第一,每个层门都应当设置门锁装置,其锁紧动作应当由重力、永久磁铁或者弹簧来产生和保持,即使永久磁铁或者弹簧失效,重力亦不能导致开锁。

第二,轿厢应当在锁紧组件啮合不小于7 mm时才能启动。

第三,门的锁紧应当由一个电气安全装置来验证,该装置应当由锁紧组件强制操作而没有任何中间机构,并且能够防止误动作。

第四,如果轿门采用了门锁装置,该装置也应当符合以上有关要求。

2.门的锁紧检验项目解读

图8-1(a)所述的门锁结构是不允许的,因永久磁铁失效时重力将导致开锁。图8-1(b)所述的结构是允许的,即使弹簧失效,重力也不会导致开锁。

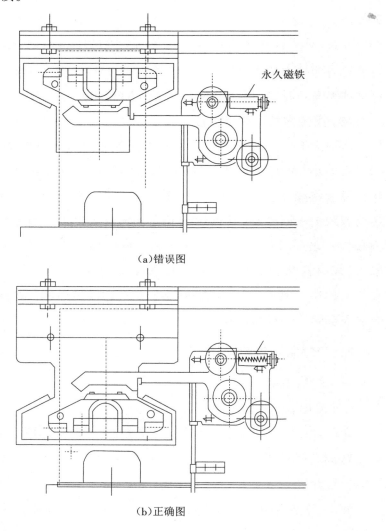

(a)错误图

(b)正确图

图8-1　门锁结构

机械锁紧组件(如通常所说的锁钩)至少要啮合(如钩牢)达7 mm，才能使验证门锁闭状态的电气安全装置接通，也即保证轿厢运动之前将层门有效地锁紧在闭合位置上。可以目测锁紧组件的啮合情况，认为啮合长度可能不足时，测量锁紧组件的啮合长度。

应由锁紧组件强制操作而没有任何中间机构指的是应当由锁紧组件直接使电气安全装置的触点通断，而不能通过锁紧组件驱动另一个中间机构，再由该中间机构来使电气安全装置的触点通断。

(二)紧急开锁装置

1. 检验内容与要求

每个层门均应当能够被一把符合要求的钥匙从外面开启；紧急开锁后，在层门闭合时门锁装置不应当保持开锁位置。可以采用抽样的方法进行检验。

2. 检验方法

审查文件、资料，并确定门锁是否符合要求。

抽取基站、端站以及20%其他层站的层门，用钥匙操作紧急开锁装置，验证其功能(抽查20%的层门数计算如有小数，则抽查层数应比计算的整数多一层)。

第二节 电梯限速器、安全钳、缓冲器和门锁装置的检验技术

一、电梯限速器检测技术要求

在检验电梯限速器的过程中，必须遵从《电梯制造与安装安全规范》(GB 7588—2003)中有关对电梯限速器的要求，申请机构需要提供一套安装调试完毕、能够正常使用的限速器作为试验或检验检测样品，并且还应当提供与正常安装使用相同的限速器钢丝绳一根(钢丝

绳的长度由试验或检验检测机构确定),以及与限速器配套的张紧装置一套等。

(一) 机械动作速度

检验要求分为以下几点:①操纵轿厢安全钳的限速器的动作速度应不小于轿厢运行额定速度的115%,但应该小于下列各值,对于除了不可脱落滚柱以外的瞬时式安全钳装置为 0.8 m/s;对于不可脱落滚柱式瞬时安全钳装置为 1.0 m/s;对于带缓冲作用的瞬时式安全钳或额定速度不大于 1.0 m/s 的渐进式安全钳装置为 1.5 m/s。②操纵对重或平衡重安全钳的限速器的动作速度应大于轿厢限速器的动作速度,但不得大于轿厢限速器的动作速度值的10%。

检验方法为在测试限速器机械动作速度时,用限速器速度测试仪对其进行机械动作速度测试,且应该至少进行20次机械动作速度试验,并且测量的20次机械动作速度值应该在规定的极限范围内。

(二) 超速保护电气装置

检验要求为限速器电气安全装置的动作速度应小于限速器动作速度。对于额定速度不大于 1.0 m/s 的电梯,电气安全装置的动作速度应不大于限速器动作速度。电气安全装置功能不应由于运转和动作而发生改变。

检验方法为在用限速器动作速度测试仪测试机械动作速度的同时测试20次电气动作速度,同时必须满足至少进行5次反向电气动作速度测试,每一次测得的电气动作速度均应该符合要求[1]。

(三) 提拉力测试

检验要求分为以下两点:①限速器动作时,限速器绳的张紧力(限速器的提拉力)不得小于以下两个值,较大值、申请人的提拉力预期值;②对于夹持式限速器,动作试验后钢丝绳不得产生永久变形。

检验方法为使用限速器钢丝绳张紧力测试装置至少进行3次提拉

---

[1]黄奶秋. 电梯限速器检测系统研究[D]. 厦门:厦门大学,2017.

力试验,且必须满足每一次得到的试验值均应不小于要求值。对于夹持式限速器,试验后目测钢丝绳是否产生永久变形。

（四）限速器绳检验

检验要求为限速器应该由与之相配的钢丝绳驱动,钢丝绳的公称直径不应小于 6 mm,限速器绳承载的安全系数不应小于8。

检验方法为在检验过程中,可使用游标卡尺测量钢丝绳直径,然后由提拉力试验测得的最大提拉力验证钢丝绳的安全系数是否符合要求。

（五）轮槽检验

检验要求分为以下几点:①对于只靠限速器绳和绳轮的摩擦力来产生张紧力(提拉力)的曳引式限速器,限速器的设计制造有下列要求,轮槽应该经过附加的表面硬化处理;或轮槽底部应该有一个符合要求的切口槽。②曳引式限速器应该规定限速器张紧装置的最小质量(最小张紧力),限速器绳轮的节圆直径与绳的公称直径之比不应小于30。

检验方法为审查轮槽资料,用刻度尺测量轮槽公称直径。

（六）复位检查装置

检验要求为如果安全钳装置释放后限速器未能自动复位,则应该设置一个电气安全装置来阻止在限速器处于动作状态期间电梯的启动。

检验方法为检查实物复位情况,手动检查装置是否能够复位。

二、电梯安全钳检测项目与技术要求

（一）瞬时式安全钳检验

1.静压试验

检验要求分为以下两点:①使导轨从夹紧的瞬时式安全钳制动组件上滑动通过,并且记录与力成函数关系的运行距离;与力成函数关系或者与运行距离成函数关系的安全钳钳体的变形。②试验后钳体和导轨变形检查。

检验方法为检验时采用一台速度无突变的压力机或者类似设备，使导轨从夹紧的瞬时式安全钳制动组件上滑动通过，参考标记应该画在钳体上，以便能够测量钳体的变形，测试内容为以下几个方面：①与力成函数关系的运行距离。②与力成函数关系或者与运行距离成函数关系的安全钳钳体的变形。③在测试过程中，应记录运行距离与力成函数关系的曲线，试验后应将钳体及夹紧件的硬度与申请者提供的原始数据相比较，特殊情况下可以进行其他分析；若无断裂情况发生，则检查变形和其他情况（如裂纹、磨损和摩擦表面的外观等）；如果有必要，应当拍摄照片作为变形和裂纹的证据，并且将记录试验数据绘制成两张图表，第一张图表绘出与力成函数关系的运行距离（距离—力图表），第二张图表绘出钳体的变形（变形—力图表），它必须与第一张图表相对应。

2. 允许质量的确定

检验要求分为以下几点：①瞬时式安全钳吸收能量的能力由"距离—力"图表上的面积积分值确定，瞬时式安全钳无永久变形，d 为总面积，吸收能量为 K；瞬时式安全钳发生永久变形或者断裂，取达到弹性极限值时的面积，吸收能量为 K_1；瞬时式安全钳发生永久变形或者断裂，取与最大力相对应的面积，吸收能量为 K_2。②瞬时式安全钳能够承受的质量确定。一套瞬时式安全钳能够承受的质量为 $2K$。

检验方法分为以下几种：①根据"距离—力"图表和变形状况计算瞬时式安全钳能够吸收的能量，根据申请单位提供的额定速度计算自由降落距离；②根据试验后瞬时式安全钳变形状况，计算瞬时式安全钳允许质量；③对于试验后安全钳发生永久变形或者断裂的情况，应该按照公式分别计算允许质量，并且选择两者中对申请单位有利的一个计算结果；④允许质量减少的情况由型式试验机构和申请单位协商确定，如果有必要可以重新进行试验。

（二）渐进式安全钳检验

1. 自由下落试验

检验要求分为以下几点。

第一，单一质量的渐进式安全钳。应该对申请单位申请的总质量进行四次试验，每次试验前应该使摩擦组件达到正常温度。在试验期间可以使用数套摩擦组件，但每套摩擦组件应当能够承受三次试验，当额定速度不大于 4 m/s 时进行二次试验，当额定速度大于 4 m/s 时。应该对自由降落的高度进行计算，使其和申请单位指明的渐进式安全钳装置相应的限速器的最大动作速度相适应。

第二，不同质量的渐进式安全钳。不同质量的渐进式安全钳指通过分级调整或者连续调整可以改变渐进式安全钳允许质量。必须对申请的最大允许质量和最小允许质量分别进行一系列的试验。申请人应该提供一个公式或者图表，以显示与某一参数成函数关系的制动力的变化，试验机构应该用恰当的方法去核实给出的公式或者图表的有效性。

第三，对于适用不同限速器动作速度的渐进式安全钳，试验机构还应该通过自由降落试验核实渐进式安全钳装置相应的限速器最小动作速度时的制动能力，应该检查试验期间测定的平均制动力，不超过试验前确定的制动力的±25% 的范围。

第四，钳体变形检查。

检验方法分为以下几点。

第一点，在试验塔架上，用加、减速度测试仪和辅助件进行渐进式安全钳的自由下落试验。

第二点，申请单位应该将渐进式安全钳的预期制动力除以16来确定试验的总质量。

第三点，每一次的试验应当在一段未使用过的导轨上进行，试验中应该模拟渐进式安全钳实际工作的导轨表面状态干燥或者润滑。

第四点,每一次试验期间应该直接或者间接记录下列数值:自由下落的高度;制动组件在导轨上的制动距离;触发机构钢丝绳的滑动距离;弹性组件的总行程。还需要测量或者根据减速度计算下列值:平均制动力;最大瞬时制动力;最小瞬时制动力。

第五点,对于不同质量的渐进式安全钳装置,应该通过试验方式核实申请单位给出的公式或者图表的有效性,以进行最大允许质量、最小允许质量和允许质量范围的中间值三个系列的试验。

第六点,适用不同限速器动作速度的渐进式安全钳,应该通过自由降落试验核实渐进式安全钳相应的限速器最小动作速度时的平均制动力,如有必要应该拍摄照片作为变形和裂纹的证据。

第七点,试验后目测钳体变形情况,如有必要应该拍摄照片作为变形和裂纹的证据。

2.允许质量的确定

检验要求分为以下几点:①对于给定试验质量的每一次试验,其制动力的偏差应当不超过由试验质量乘以16而得到的制动力的±25%;②如果试验得到的允许质量($P+Q$)与申请单位预期的允许质量($P+Q$)相差超过20%以上,则可以认为试验失败,由申请单位调整后重新进行试验。

三、电梯缓冲器检测项目与技术要求

申请单位在进行缓冲器检验之前,需要说明使用范围(最大撞击速度、最大和最小质量)。液压缓冲器需要单独提供缓冲器所用的液体,将液体通道的开口度表示成缓冲器行程的函数。下面就线性蓄能型缓冲器、非线性蓄能型缓冲器和耗能型缓冲器等的检验要求和检验方法分别进行介绍。

(一) 线性蓄能型缓冲器检验

检验要求分为以下几点:①线性蓄能型缓冲器可能的总行程,对于使用破裂阀或单向节流阀作为防坠落保护的液压电梯缓冲器,应至

少等于相应于表达式 $vd+0.3$ m/s 给出速度的重力制停距离的两倍,即 $0.102(vd+0.3)^2$m;对于其他的所有电梯,应至少等于相应于 115% 的额定速度的重力制停距离的两倍,即 $0.135v^2m$,无论如何,此行程不得小于 65 mm。②对线性蓄能型缓冲器进行完全压缩试验,在进行两次完全压缩试验后,缓冲器部件不得有损坏,试验期间应当记录缓冲器的"力—压缩行程"载荷图。

检验方法应在试验前,首先确定完全压缩缓冲器所需要的质量,然后用万能试验机对被检缓冲器进行两次完全压缩试验,两次完全压缩试验间隔为 5 ~ 30 min,记录两次试验数据并取平均值作为 C_i,且缓冲器部件不得有损坏现象。试验期间应记录缓冲器"力—压缩行程"载荷图,检查线性蓄能型缓冲器压缩的总行程。

(二)非线性蓄能型缓冲器检验

检验要求分为以下几点:①借助重物自由降落对缓冲器进行冲击试验,应该使用最大质量和最小质量先后分别各进行三次试验。②冲击试验应当符合下列要求,在撞击瞬间达到要求的最大速度,并且不小于 0.8 m/s;保证碰撞瞬间的加速度至少为 0.9 gn;试验环境温度为 15 ~ 25 ℃;进行三次最大质量试验时,当缓冲行程等于缓冲器实际高度的 50% 时,所对应的缓冲力坐标值之间的变化不应大于 5%,在进行最小质量试验时也应该满足这一要求。

检验方法为试验前,首先确定完全压缩缓冲器所需要的质量。在试验塔架、摩擦力足够小的情况下,垂直地引导重物,借助重物自由降落对缓冲器进行冲击试验,在撞击到缓冲器瞬间的速度达到 0.8 m/s 以上。在试验过程中,使用加、减速度仪对下落的加速度进行测量,且保证此时碰撞瞬间的加速度至少为 0.9gn。在计算平均减速度时,时间应为首次出现两个绝对值最小的减速度之间的时间差。对最大质量和最小质量先后分别进行三次试验,冲击试验应符合上述要求。当试验结果与申请书中的最大或(和)最小允许质量不相符合时,在征得申请单位同意后,试验或检测机构可以确定能够接受的允许质量范围。

四、耗能型缓冲器检验

检验要求分为以下几点:①在试验前检查缓冲器可能的总行程,对于使用破裂阀或单向节流阀作为防坠落保护的液压电梯缓冲器,应至少等于相应于表达式 $v_d+0.3$ m/s 给出速度的重力制停距离,即 $0.051(v_d+0.3)^2$m;其他的所有电梯,应至少等于相应于 115% 额定速度的重力制停距离,即 $0.0674v^2$,m。②液压耗能型缓冲器的结构应当便于检查其液位。③借助重物自由降落对缓冲器进行冲击试验,使用最大质量和最小质量先后分别进行一次试验。④冲击试验中应符合下列要求,在撞击瞬间达到要求的最大速度;每次试验后,缓冲器应保持完全压缩状态 5 min;每次试验间隔至少为 30 min。两次试验结束 30 min 后,液面应再次达到能够确保缓冲器性能的位置;冲击试验后,缓冲器应无损坏。

检验方法为试验前检查缓冲器可能的总行程,在缓冲器中加注符合要求的液体并检查液体位置,将缓冲器以正常工作的同样方式安装、固定在试验塔架上,按照非线性蓄能型缓冲器对所需的最大质量和最小质量先后分别进行一次冲击试验,在冲击试验中应符合这些要求。在试验期间,应用刻度尺记录轿厢下落距离,用加、减速度测试仪记录下落至停止过程中的加速度、减速度,且需要分别记录试验前后环境和液体温度。当试验结果与申请书中的最大和最小允许质量不相符合时,在征得申请单位同意后,试验与检测机构可以确定能够接受的允许质量范围。

五、电梯门锁装置检测项目与技术要求

在对所有参与层门和轿门锁紧和检查锁闭情况的门锁装置检验前,申请单位应当向检验机构提供一个安装调试完毕、能够正常使用的门锁装置作为试验或检验样品,具体要求如下:提供一件门锁装置的试验样品及其试验所需要的附件(所有参与层门和轿门锁紧和检查

锁闭情况的部件均为门锁装置的组成部分)。例如,门锁装置的试验只能在将该装置安装在相应的门(如有数扇门的滑动门或者数扇门扇的铰链门)上的条件下进行,应当按照工作状况把门锁装置安装在一个完整的门上。如果有必要,门锁装置电气安全装置的绝缘件应当单独提供,绝缘件面积不小于 15 mm×15 mm,厚度不小于 3 mm。如果进行交流和直流两种类型的试验,需要提供两件门锁装置试验样品。

(一)门锁操作检验

检验要求分为以下几点。

第一,将门锁安装在门锁试验台上,手动检验待检样品是否由重力、永久磁铁或弹簧来产生和保持闭锁装置的锁紧动作,并且需要满足弹簧应在压缩状态下作用,弹簧应有导向装置并满足在开锁时弹簧将不会被压并簧;通过一种简单的方法,如加热或冲击,不应使采用永久磁铁来保持锁紧组件作用的功能失效;即使永久磁铁或弹簧功能失效,重力也不能开锁。

第二,锁紧组件和其附件应能耐冲击,并且采用金属材料制造或加固。

第三,手动检查被测样品是否设置一个电气安全装置来检查锁紧组件的啮合情况,并满足下列要求:切断电路的触点组件与机械锁紧装置之间的连接应是直接的和防止误动作的,并且必要时可以调节。

第四,检查该锁紧装置是否具有保护装置,以避免可能妨碍正常功能的积尘危险,并满足下列要求:应易于检查工作部件,如可使用透明板以便于观察;当电气安全装置的触点放在盒中时,盒盖的螺钉应为不脱落式的,在打开盒盖时螺钉应保留在盒或盖的孔中。

第五,直接机械连接的多扇门组成的水平或垂直滑动门,应满足下列要求:所有门扇之间为直接机械连接的,允许锁紧装置只设置在其中一扇能够防止其他门扇开启的门扇上;允许将验证门闭合位置的电气装置安装在一个门扇上。

第六,间接机械连接的多扇门组成的水平或垂直滑动门,应满足下列要求:当门扇间为间接机械连接(如钢丝绳、链条或皮带)且门扇上均未装有手柄和该连接机构能够承受任何正常能预计的力时可以使用间接连接,且允许锁紧装置只设置在其中一扇能够防止其他门扇开启的门扇上,但其他未直接锁紧的门扇均应设置验证该门扇关闭位置的电气装置。

(二)门锁机械检验

1.机械静态检验

检验要求分为以下几种:①门锁装置需进行以下试验:沿门的开启方向,在尽可能接近使用人员试图开启门扇时施加力的位置上施加一个静态力。②对用于铰链门的舌块式门锁装置,如果该装置有一个用来检查门锁舌块可能变形的电气安全装置,并且在经过机械静态试验后,如对该门锁装置的强度存在任何怀疑,则需逐步增加载荷,直至舌块发生永久变形,安全装置开始打开。门锁装置或层门的其他部件不得破坏或产生变形。在静态试验后,如果尺寸和结构都不会引起对门锁装置强度的怀疑,就没有必要对舌块进行机械耐久试验。③试验后被测门锁装置不应产生可能影响安全的磨损、变形或断裂等现象。

检验方法为使用门锁静态试验机按照上述检验要求方法进行试验。

2.机械动态试验

检验要求分为以下几点:①处于锁住状态的门锁装置应该沿门开启方向进行一次冲击试验,其冲击相当于一个 4 kg 的刚性体从 0.5 m 高度自由下落所产生的效果;②试验后不应该产生可能影响安全的磨损、变形或者断裂。

检验方法为将门锁固定在动态试验机上,让门锁处于锁住状态,检验时将被测门锁装置沿门开启方向进行一次冲击试验,试验后检查该门锁是否产生可能影响安全的磨损、变形或断裂现象。

3.机械耐久检验

检验要求分为以下几点:①门锁装置应当能够承受 $1×10^6$ 次完全循环操作(±1%)。一次循环包括在两个方向上具有全部可能行程的一次往复运动。②对于有数扇门扇的水平或者垂直滑动门的门锁装置,门扇间采用的直接或者间接机械连接装置均看作门锁装置的组成部分。耐久试验应该按照工作状况把门锁装置安装在一个完整的门上进行。在其耐久试验中,每分钟的循环次数应该与结构的尺寸相适应。

检验方法为将门锁安装在门锁耐久试验装置上,在试验时,处于正常操作状态的门锁装置试样由它通常的操作装置控制,试样应按照门锁装置制造商的要求进行润滑。当存在数种可能的控制方式和操纵位置时,应在组件处于最不利的受力状态下进行频率为每分钟60次的循环试验(一次循环包括在两个方向上具有全部可能行程的一次往复运动),操作循环次数和锁紧组件的行程应由机械或电气的计数器记录。在检验过程中,门锁的驱动应平滑、无冲击。试验后检测门锁装置是否产生可能影响安全的磨损、变形或断裂现象。

(三) 电气试验

1.电气耐久试验

检验要求分为以下几点:①在进行机械耐久试验的同时进行门锁装置的电气触点的电气耐久试验;②电气触点在额定电压和两倍额定电流的条件下接通一个电阻电路;③电气耐久试验后,电气触点不应该产生影响安全的电蚀和痕迹。

检验方法是在进行机械耐久试验的同时进行门锁装置的电气触点的电气耐久试验,试验时,应在门锁装置处于工作位置的情况下进行。如果有数个可能的位置,则应在被试验单位判定为最不利的位置上进行。电气触点在额定电压和两倍额定电流的条件下接通一个电阻电路,电气耐久试验后,检查电气触点是否产生影响安全的电蚀和痕迹。

2.电气触点的接通和分断能力试验

（1）电气触点的接通和分断能力试验

检验要求是在电气耐久试验后应进行门锁装置电气触点的接通分断能力试验。作为试验基准的电流值和额定电压值应由试验申请单位指明，如果没有具体规定，额定值应为下列值：对于交流电为230 V，2 A；对于直流电为200 V，2 A。在未说明电路类型的情况下，则应检验交流电和直流电两种条件下的接通和分断能力。

检验方法是试验应当在门锁装置处于锁紧状态时进行，如果存在数种可能的位置，则试验应当在最不利的位置上进行；试验样品应当与正常使用时一样装有罩壳和电气布线。

（2）交流电路的接通和分断能力试验

检验要求是在正常速度和时间间隔为 5～10 s 的条件下，门锁装置的电气触点应该能够接通和断开一个电压等于110%额定电压的电路50次，触点应该保持闭合至少0.5 s；试验电路应该符合电路功率因数等于0.7±0.05，试验电流值等于申请单位指明的额定电流值的11倍。

检验方法是将交流电路接通和分断能力试验装置与门锁相连接，在试验电路中应串联一个空芯电感和一个电阻作为负载，使电路功率因数满足试验要求。

（3）直流电路的接通和分断能力试验

检验要求是在正常速度和时间间隔条件下，门锁装置的电气触点应当能够接通和断开一个电压为110%额定电压的电路20次；电路的电流应当在300 ms内达到试验电流稳定值的95%，试验电流值为生产单位指明的额定电流的1.1倍。

3.漏电流电阻试验

检验要求分为以下几点：①门锁装置的电气安全装置的绝缘材料应该进行耐漏电起痕试验，试验应该按照规定的程序进行；②绝缘材料应该通过 PTI175 试验,即试验各个电极应该连接在一个 175 V、50 Hz 的交流电源上。

4.门锁装置的电气间隙和爬电距离

检验要求分为以下几点:①对于外壳防护等级等于或者低于 IP4X 的触点,电气间隙至少为 3 mm,爬电距离至少为 4 mm;②对于外壳防护等级高于 IP4X 的触点,电气间隙至少为 3 mm,爬电距离至少为 3 mm。

检验方法是用刻度尺和 IP 试具检查门锁装置的电气间隙和爬电距离。

第九章 起重机械和电梯检验的新技术

第一节 起重机械检验的新技术
——以机械故障的监测和诊断为例

一、故障诊断的小波分析检验技术

傅里叶分析的理论基础是待分析信号的平稳性。对于非平稳信号,傅里叶分析可能给出虚假结果,从而导致故障的误诊断。对于设备故障诊断问题来说,由于以下原因,使傅里叶分析的应用受到限制。由于机器转速不稳、负荷变化以及机器故障等原因产生的冲击、摩擦导致非平稳信号的产生。由于机器各零部件的结构不同,致使振动信号所包含的不同零部件的故障频率分布在不同的频道范围内。特别是当机器隐藏有某一零件的早期微缺陷时,它的缺陷信息被其他零部件的振动信号和随机噪声所淹没。对于这类问题,小波分析方法具有无可比拟的优点。由于小波分解尤其是小波包分解技术能够将任何信号(平稳或非平稳)分解到一个由小波伸缩而成的基函数族上,信息量完整无缺,在通频范围内得到分布在不同频道内的分解序列,在时域和频域均具有局部化的分析功能。因此,可根据故障诊断的需要选取包含所需零部件故障信息的频道序列,进行深层信息处理以查找机器故障源。近年来,小波分析技术在齿轮箱故障诊断、颤振分析等方面得到了广泛的应用。

(一) 从傅里叶变换到小波变换检验

傅里叶变换的不足之处在于它只适应于稳态信号分析,而非稳态信号在工程领域中是广泛存在的,例如变速机械的振动等。傅里叶变换是为了适应非稳态信号分析发展起来的一种改进方法。实际应用中，要求对低频信号采用宽时窗，高频信号采用窄时窗，以提高谱线分辨率。小波分析正是为适应这一要求发展起来的一种信号分析方法，其基本思想是采用宽度可调的小波函数替代傅里叶变换的窗函数。

（二）小波分解检验

正如傅里叶变换可分为积分傅里叶变换和离散傅里叶变换一样，小波变换也包含积分小波变换和离散小波变换，他们分别应用于连续信号和数字信号的分析。离散小波变换也称小波分解，通俗地说，就是将数字信号分解成一族小波函数的叠加。这样的分解使人们可以分析信号在特定的时、频窗范围内的细节。当然，为了实现信号的小波分解，首先必须找到一个小波函数族。当然，实际应用中还须从生成方便、可以形成有效的数值解法等多方面加以考虑。小波函数生成一直是该领域的重要研究方向之一。

小波变换可以对信号做更为精细的分析，但如果没有相应的快速算法对理论予以支持，则很难在实际应用中得以推广。要实现小波分解，关键问题是确定其中各小波分量的系数。如果所采用的小波函数族满足正交性条件，那么理论上可按下式确定各小波系数。但由于小波函数通常比较复杂甚至不具有解析表达式，实际上积分表达式只是从理论上反映了小波系数、小波函数和信号三者之间的关系，计算出小波系数还必须采用其他可行的方法。

就目前的研究水平而言，最成功的算法是马拉特算法，该算法利用小波的正交性导出各系数矩阵的正交关系，从高级到低级逐级滤去信号中的各级小波。马拉特算法概念清楚、计算简便，其在小波分析中的地位，相当于快速傅里叶分析中的快速傅里叶变换。

（三）小波包分解检验

低频时频窗窄，频率分辨率高；高频时频窗宽，频率分辨率低，这符合普通的原则。但对某些特定的信号，人们感兴趣的可能只是某一个或几个特殊的频段,并要求对这些频段的分析足够精细,这些频段的频率可能是相对高的。

小波包分解是比小波分解更精细的一种分解,其不同之处是对滤出的高频部分也同样施行分解,并可一直进行下去,这种分解在高频段和低频段都可达到很精细的程度。

信号经图示的分解后形成若干个大小的"包",图中阴影部分则表示用于分析的各个"包"的频段。根据需要分析的信号频段,我们可以适当选取不同大小的"包"来部分复原原始信号。对于部分信号分析问题来说,人们所关心的主要特征可能只体现在某一个或几个"包"上,因此可以只注意这几个"包",这在故障诊断技术中是非常有用的。

二、故障诊断的模糊诊断检验技术

在数学中,描述数量之间的关系有三种方法:①经典的数学分析和集合论,它研究的对象和计算结果是确定性的;②概率论和数理统计,它研究事先不能判定其发生与否的随机性事件,由于发生的条件不充分,使得条件与事件之间出现不确定性的因果关系,需要用事件发生的概率统计来解决;③模糊数学,它描述和研究模糊性的事件,用归属的程度即隶属度给予刻画[①]。

在实际使用中,许多故障是由于损伤累积导致性能下降引起的,系统从完好到故障由一系列的中介状态构成,这种中介过渡状态既不是完好,也不是完全故障,而是呈现出"亦此亦彼"的模糊性,即遵循一种模糊逻辑。

(一)模糊故障诊断检验技术基础

1.模糊集合论

模糊概念不能用经典集合加以描述,这是因为不能绝对地区别"属于"或"不属于",就是说论域上的元素符合概念的程度不是绝对的0或1,而是介于0和1之间的一个实数。扎德以精确数学集合论为基

①徐长生,陶德馨.起重运输机械试验技术[M].北京:高等教育出版社,2011.

础,提出用"模糊集合"作为表现模糊事物的数学模型,并在"模糊集合"上逐步建立运算、变换规律,开展有关的理论研究。扎德认为,指明各个元素的隶属集合,就等于指定了一个集合。当元素隶属于0和1之间时,就是模糊集合。

2.隶属度函数

在模糊理论中,正确地确定隶属度函数非常重要,它关系到是否能很好地利用模糊集合来恰如其分地将模糊概念定量化。但是对同一模糊概念,不同研究人员可能使用不同的隶属度函数。确定隶属度函数有一定的主观因素,但是主观因素和客观存在有一定的联系,因此,确定隶属度函数的方法要遵循一些基本原则。

在模糊应用系统中,描绘变量(又称语言变量)的标称值(又称语言值)越多,隶属度函数的密度越大,模糊应用系统的分辨率就越高,但是模糊规则就会增多,系统设计难度增加。变量标称值太小,则系统的响应可能不敏感。因此,模糊变量的值一般取 $3 \sim 9$ 个奇数为宜。隶属度函数由中心值向两边延伸的范围有一定的限制,间隔的两个模糊集的隶属度函数不交叉。

综合国内外隶属度函数确定的经验,主要包括专家确定法、借用已有的"客观"尺度法、模糊统计法、对比排序法、综合加权法以及基本概念扩充法等,而在故障诊断领域,通常采用的确定隶属度函数的方法有专家确定法、二元对比排序法和模糊统计法。

(二) 模糊聚类分析检验技术

模糊聚类分析定理: $\bar{R} \in (U \times U)$ 是 U 上的模糊等价关系的充分必要条件,则任意的 $\lambda \in [0,1]$, R_λ 是 U 上的普通等价关系。也可以换个叙述方式:模糊矩阵 R 是等价矩阵的充分必要条件,则任意的 $\lambda \in [0,1]$, R 的 λ 截矩阵都是等价的布尔矩阵。多数情况下,我们只能得到模糊相似关系,即对应的模糊矩阵 R 只满足自反性和对称性,不满足传递性。因此,必须把模糊相似关系改造为模糊等价关系。为此给出传递闭包的定义以及模糊相似矩阵的传递闭包存在定理。

第一步，标定。设 x 是待分类对象的全体，他们都有 m 个特征，建立模糊相似矩阵的过程称为标定；表示对象 x 与 x 按 m 个特征相似的程度，叫做相似系数。求相似系数的方法，从大类来分有相似系数法、距离法、主观评定法三种，相似系数法又可分为数量积法、夹角余弦法、相关系数法、指数相似系数法、非参数方法、最大最小法、算术平均最小法、几何平均最小法。距离法又可分为绝对值指数法、绝对值倒数法、绝对值减数法。

第二步，聚类。用上述方法得到的模糊关系 R 如果是模糊等价关系，就可直接按模糊聚类分析定理直接进行聚类。但多数情况下只能得到模糊相似关系，即对应的模糊相似矩阵 R 只满足自反性和对称性，不能满足传递性。因此，还应根据模糊相似矩阵传递闭包存在定理，将模糊相似关系改为模糊等价关系，然后再进行聚类分析。

(三) 模糊综合评判检验

1. 模糊综合评判检验的数学模型

所谓模糊综合评判是在模糊环境下，考虑了多种因素的影响，为了某种目的对某一事物作出综合决策的方法。综合评判的核心在于"综合"。对于由单因素确定的事物进行评判是容易的。但是，一旦事物涉及多因素时，就要综合诸因素对事物的影响，作出一个接近于实际的评判，以避免仅从一个因素就作出评判而带来的片面性，这就是综合评判的特点。

2. 多层次模糊综合评判检验模型

对于一些复杂的系统（事物），需要考虑的因素很多，这时会出现两方面的问题，一方面因素众多，对他们的权数分配难以确定；另一方面，即使确定了权数分配，因为需要满足归化条件，所以每个因素的权值都很小，在经过模糊算子的综合评判，常会出现无法得出有价值的结果的现象。这时就必须采用多层次模糊综合评判的方法。

人们综合事物有不同的方式,有时只求单因素最优,亦称为主因素最优;有时突出主要因素但也兼顾其他;有时只要求总和最大;等等。这些情况要通过不同的算子来实现,我们称为主因素决定型,因为它的评判结果是由数值最大的决定的,其余数值在一定范围内变化将不影响评判结果。

3.模糊层次分析法的检验

模糊层次分析法是一种定性与定量相结合的决策方法,它是解决多目标多层次的大系统优化问题的有效方法,其基本思想是把复杂问题分解为各个组成因素,将这些因素按支配关系分组形成有序的递阶层次结构,通过两两比较的方式确定层次中诸因素的相对重要性,然后综合人的判断,以决定决策诸因素相对重要性总的排序。AHP 体现了人类决策思维过程的基本特征,即分解、判断、综合。AHP 的核心是利用 1~9 间的整数及其倒数作为标度构造判断矩阵,这种判断往往没有考虑人的判断模糊性,实际上,人们在处理复杂的决策问题,进行选择和判断中,常常自觉不自觉地使用模糊判断。例如,两个方案相比,认为甲方案比乙方案明显重要,这本身就是模糊判断。基于这种认识,AHP 在模糊环境下的扩展是必要的,这一扩展称为模糊层次分析法。

(四) 模糊故障诊断检验技术

1.单征兆故障诊断

在故障诊断中,需要检测大量的信号。通过对被测信号的分析,可以得到一些故障征兆,故障征兆之间存在一定的关系。

2.故障诊断的模糊综合决策

一般来讲,故障诊断的结果是多征兆诊断的综合,模糊综合的理论是模糊综合决策。模糊综合决策可以分为一级模型和多级模型,多级模型是一级模型的扩展。

三、故障诊断的神经网络诊断技术

(一) 神经网络检验基础

神经网络独特的结构和信息处理方法,使其在模式识别信号处理、自动控制与人工智能等许多领域得到了实际应用。人工神经网络故障诊断的应用主要集中在三个方面:①从模式识别的角度应用神经网络作为分类器进行故障诊断;②从预测角度应用神经网络作为动态预测模型进行故障诊断;③从知识处理角度建立基于神经网络的诊断专家系统。

1.神经元检验模型

常用的人工神经元模型主要是基于模拟生物神经元信息的传递特性,即输入输出关系来建立的。神经网络是由大量简单的处理单元(神经元)广泛互联而形成的复杂网络系统,它反映了人脑功能的许多基本特性。一般认为,神经网络是一个高度复杂的非线性动力学系统,虽然每个神经元的结构和功能比较简单,但由大量神经元构成的网络系统的行为却是十分复杂与丰富多彩的。各神经元之间通过相互连接形成一个网络拓扑,不同的神经网络模型对拓扑结构与互连模式都有一定的要求和限制,比如允许他们是多层次的、全互连的等。神经元之间的连接并非只是一个单纯的信号传递通道,在每对神经元之间的连接上还作用着一个加权系数。这个加权系数起着生物神经系统中神经元突触强度的作用,通常称为网络权值。在神经网络中,网络权值可以根据经验或学习而改变,修改权值的规则称为学习算法或学习规则。

2.神经网络结构

(1)分层网络

分层网络是将一个神经网络模型中的所有神经元按功能分为若干层,一般有输入层、中间层和输出层,各层顺序连接;其中中间层是网络的内部处理单元层,与外部无直接连接,神经网络所具有的模式变换能力,如模式分类、模式完善、特征抽取等,主要是在中间层进行。根据处理功能的不同,中间层可以有多层,也可以没有。由于中间层单元不直接与外部输入/输出打交道,所以通常将神经网络的中间层称为隐含层。输出层是网络输出运行结果并与显示设备或执行机构相连接的部分。分层网络可进一步细分为三种互连方式,即简单的前向网络,具有反馈的前向网络以及层内有相互连接的前向网络。

（2）反馈网络

反馈网络实际上是将前馈网络中输出层神经元的输出信号延时后再送给输入层神经元而构成。

（3）相互连接型网络

相互连接型网络是指网络中任意两个单元之间都是可以相互连接的。构成网络中的各个神经元都可以相互双向连接,所有神经元既可以作为输入,也可作为输出。这种网络如果在某一时刻从外部加一个输入信号,各神经元一边相互作用,一边进行信息处理,直到收敛于某个稳定值为止。

（4）混合型网络

前馈网络和相互连接型网络分别是典型的层状结构网络和网状结构网络,介于这两者之间的一种结构,称为混合型神经网络。它在前馈网络的同一层间各神经元又有互连,目的是限制同层内部神经元同时兴奋或抑制的数目,以完成特定的功能。

3.神经网络学习规则

学习是神经网络的主要特征之一,学习规则是修正神经元之间连接强度或加权系数的算法,使获得的知识结构适应周围环境的变化。在学习过程中执行学习规则,修正加权系数,由学习所得的连接加权系数参与计算神经元的输出。学习算法主要分为有监督学习和无监督学习两类。前者是通过外部教师信号进行学习,即要求同时给出输入和正确的期望输出的模式。当计算结果与期望输出有误差时,网络将通过自动调节机制调节相应的连接权度,使它们之向误差减小的方向改变,经过多次重复训练,最后与正确的结果相符合。而后者没有外部教师信号,其学习表现为自适应于输入空间的监测规则,学习过程为系统提供动态输入信号,使各个单元以某种竞争方式获胜的神经元本身或其相邻域得到增强,其他神经元则进一步被抑制,从而将信号空间分为有用的多个区域。

4.模糊神经网络故障诊断

模糊逻辑和人工神经网络都可以表达和处理不确定的信息,但各有局限性。模糊规则擅长用语言来描述经验和知识,但是不具备学习能力;人工神经网络通过样本学习的方法,将网络的输入/输出关系以权值的方式进行存储,但是网络内部只是表达方式不清楚。模糊神经网络将两者的优点结合起来,一方面可以用语言描述的规则构造网络,使网络中的权值具有明显的意义,另外一方面引入学习机制,提高知识的表达精度。

(二) 模糊神经网络故障诊断

在精密机床故障诊断系统中,神经网络相当于完成一个数学映射,由于被检测的机床控制系统工况较复杂,残差序列较多,则完成的映射关系也较复杂,但是只需选取适当的结构,就可以实现任意复杂的非线性映射。工作时,信息的存储与处理是同时进行的,经过处理后,信息的隐含特征和规则分布于神经元之间的联接强度上,通常具有一定的冗余性。这样,当不完全的信息或含噪声的信息输入时,就可以根据这些分布式的记忆对输入信息进行处理,恢复全部信息。

由于神经元之间的高维度、高密度的并列计算结构,神经网络具有很强的并行计算能力,完全可以实现对数控机床故障的实时诊断。但在调试过程中,如何选择合适的结构、权值及学习算法以缩短学习时间并提高数控机床故障诊断的准确性,这是一个关键问题。

四、机床故障诊断的专家系统

专家系统是人工智能理论与技术研究的一个分支,是应用专家的知识与推理方法求解复杂实际问题的一种人工智能软件。它具有权威性知识,具备自学功能,并且能够采用一定的策略,运用专家知识进行推理。在推理过程中,专家系统从数据库出发,调用知识库中的相应知识,经过推理机制获得所需的结果。

专家系统是一种智能的计算机程序,这种计算机程序使用知识与推理过程,求解那些需要杰出人物(专家)的知识才能求解的高难度问题。为了完成专家系统的基本功能,一个专家系统至少要包含知识库、推理机及人机接口三个组成部分。专家系统最简单的工作原理:在知识库创建和维护阶段,领域专家与知识工程师合作,通过人机接口对知识库进行操作;在推理阶段,用户也是通过人机接口将研究对象信息传送给推理机,推理机根据推理过程的需要,检索知识库中的各条知识或继续向用户索要研究对象信息,推理结果也通过人机接口返回给用户。一个专家系统应具有启发性、透明性和灵活性。

第一,在知识库创建和维护阶段,知识获取子系统,在领域专家和知识工程师的指导下,将专家知识、研究对象的结构知识等存放于知识库中或对知识库进行增加、删除和修改等维护工作。在推理阶段,用户通过人机接口将研究对象的信息传送给推理机,推理机根据推理过程的需要,对知识库中的各条知识及全局数据库中的各项事实进行搜索或继续向用户索要信息。最后,推理结果也通过人机接口返回给用户。如需要解释子系统可调用知识库中的知识和全局数据库中的事实,对推理结果和推理过程中用户提出的问题做出合理的解释。

第二,全局数据库。在专家系统中,全局数据库又称"黑板""综合数据库"等,是用于存放用户提供的初始事实、问题描述以及专家系统运行过程中得到的中间结果、最终结果运行信息及执行任务领域内的原始特征数据等的工作存储器。对数据库的操作主要为增加记录和删除记录两种。全局数据库的内容是在不断变化的。在求解问题开始时,它存放的是用户提供的初始事实,在推理过程中它存放每一步推理所得的结果。推理机根据其内容从知识库中选择合适的知识进行推理,然后又把推理的结果存入全局数据库中。由此可见,全局数据库是推理机不可缺少的一个工作场地。同时因为它可以记录推理过程中的各有关信息,所以又为解释机构提供了回答用户咨询的依据。

第三,管理系统。全局数据库是由数据库管理系统进行管理的,这与一般程序设计中的数据库管理没有什么区别,只是应使数据的表示方法与知识的表示方法保持一致。在全局数据库中,数据记录是以子句的方式储存的,因此在使用全局数据库之前,有必要对子句、谓词进行定义。此外,在专家系统执行任务过程中,需要将知识库调进数据库,因而,还需在数据库中定义知识库谓词。

第四,推理机。作为专家系统的组织控制机构,推理机能通过运用由用户提供的初始数据,从知识库中选取相关的知识并按照一定的推理策略进行推理,直到得出相应的结论。在设计推理机时应考虑推理方法、推理方向和搜索策略三个方面。

第五,解释子系统设计。在设计一个解释程序时,应注意以下几个方面:①能够对专家系统知识库中所具有的推理目标原因给出合理的解释,能够在推理过程中对用户的每一个"为什么"作出响应;②每一次的解释都要求做到完整,且易于理解;③充分考虑使用该专家系统的具体用户情况,不同的用户对解释程序有不同的要求。

五、故障诊断的信息融合技术

随着传感器技术的迅猛发展,各种面向复杂应用背景的多传感器信息系统也随之大量涌现。在这些系统中,信息的表现形式是多种多样的,信息容量以及对处理速度的要求已超出人脑的信息综合处理能力,单纯依靠提高传感器本身的精度和容量来改善系统性能是比较困难的。因此,需要一种手段来利用多个不必非常精确的传感器信息,得出对环境或对象特征的全面、正确认识,以提高整个系统的鲁棒性。信息融合便是在这一情况下应运而生的。它实际上是一种多源信息的综合技术,通过对来自不同传感器的数据信息进行分析和智能化合成,获得被测对象及其性质的最佳估计,从而产生比单一信息源更精确、更完全的估计和决策。

六、故障诊断的支持向量机技术

从20世纪末开始,人们越来越频繁地接触到一个新的名词——统计学习理论。统计学习理论是一种专门研究有限样本情况下机器学习规律的理论,它为研究有限样本情况下的统计模式识别和更广泛的机器学习问题建立了一个较好的理论框架。支持向量机是在统计学习理论的基础上发展起来的新一代学习算法,该算法有效地改善了传统的分类方法的缺陷,具有较充足的理论依据,非常适合小样本的模式识别问题;它在文本分类、故障诊断、手写识别、图像分类、生物信息学等领域中获得了广泛的应用。

支持向量机是统计学习理论中最"年轻"的内容,也是最实用的部分。支持向量机与神经网络完全不同。神经网络学习算法的构造受模拟生物启发,而支持向量机的思想来源于最小化错误率的理论界限,这些学习界限是通过对学习过程的形式化分析得到的。基于这一思想得到的支持向量机,不但具有良好的数学性质,如解的唯一性、不依赖于输入空间的维数等,而且在应用中也表现出了良好的性能。由于独特的优势和潜在的应用价值,支持向量机已成为当前国际上机器学习领域新的研究热点。

第二节 电梯检验新技术与展望

电梯检验检测新技术是指能引领、促进电梯产品与电梯产业技术进步的新机理、新设备、新方案、新方法。

一、超高速电梯检验检测技术

随着世界城市化水平的提高,越来越多的超高速电梯进入高层建筑。超高速电梯技术是我国电梯技术发展方向之一,也是衡量我国电梯技术水平高低的一个标志。超高速电梯技术需要解决安全性、运行的舒适性等技术难题,特别是要解决安全性能检验测试的问题。目前国内缺少电梯检测机构对超高速电梯安全部件(如安全钳、缓冲器等)进行检验,从而制约了我国超高速电梯技术的发展[①]。

二、电梯电磁兼容(EMC)测试技术

随着国家对相关要求的提高及出口电梯数量的增长,电梯制造企业、使用单位逐渐认识到电磁兼容性的重要性,制造符合电磁兼容性要求的电梯产品,已是当下电梯企业需要解决的问题。所以目前国内企业都加大对电梯电磁兼容性研究的投入,提高技术能力,使产品能满足客户和行业的要求。但电磁兼容性检测设备投入大,检测技术难点多,成为制约企业开发相应产品的主要因素。

另外,电磁兼容测试数据因测试环境、工作情况、测试方法的不同会有很大的差异,没有统一的测试方法,就无法对测试数据进行判定。因此,我们需要对电梯电磁兼容性各项目的测量开展深入的研究,通过大量的试验和测试,制定科学的测量方法,取得详细的数据。

三、电梯现代控制测试技术

电梯控制中的通信发生过很大变化,由最初的点对点通信(并行

① 王琪冰. 电梯工业产业技术创新与发展[M]. 杭州:浙江大学出版社,2017.

通信)发展到如今广泛使用的一对多通信(串行通信)。由并行通信变为串行通信,需要的通信线缆数大为减少。所以通信方式由并行发展到串行,是电梯控制技术的一大变革。如今,无线通信技术得到广泛运用。无线通信技术将是未来电梯控制技术发展的主要方向之一,它将取代井道中的扁平随行电缆及其他信号线缆,使电梯通信方式再来一次大的变革。

四、电梯节能测试技术

目前电梯节能测试技术已有一定的发展。高效率的永磁同步无齿轮驱动主机已在电梯上得到广泛的应用,可以说是电梯节能测试技术的一个重大成果;而电梯能量回馈技术也日趋成熟,已开始推广应用;其他的一些新技术,如超级电容蓄能技术等也开始进入加速研发阶段。

五、电梯抗震技术

近年来,电梯的抗震技术开始引起我国业界的重视,建筑、交通、电力、燃气设施等均出台了相关的抗震法规、标准。

使用电梯抗震技术的抗震电梯可以在不影响导靴受力强度的前提下,可对导轨脱离导靴及时进行检测,并可避免误检现象的发生。项目技术方案包括电梯井道内的导轨,其余部件参照常规电梯结构。其特点是:电梯井道内的导轨限制在水平截面为"U"型的导靴内,且导靴内还设有 U 型的导靴垫;在导靴上,通过粘结剂粘有压电陶瓷片;压电陶瓷片外设有压力背板,压力背板四周分别对称设置 4 个磁柱,导靴的棱条上设有与磁柱对应的穿孔,4 个磁柱设置在穿孔内,从而使压力背板覆盖在压电陶瓷片上;压电陶瓷片上还连接有信号线,信号线另一端连接 AD 转换器(模数转换器)上,AD 转换器与电梯控制系统相连。

导轨的材料具有铁磁性,在导轨处于导靴中时,导轨对 4 个磁柱产生一个吸引力,磁柱拉动压力背板,使压力背板对压电陶瓷片产生一个压力,所以导轨处于正常位置时,压电陶瓷片处于受压形变状态。

当导轨脱离时,磁柱受到导轨的磁力消失,进而压电陶瓷片受到的压力发生变化,此时压电陶瓷片将产生一个电压信号,这个电压信号经信号线到达 AD 转换器进行处理后,进入电梯控制系统,使电梯控制系统可及时制动电梯,避免事故的发生。

抗震电梯中,为了方便安装,使用的压力背板为铁磁性材料。由于导靴通常也是采用铁磁性材料,在磁柱的作用下,压力背被磁柱磁化,可自然吸附在导靴上,即使脱轨,磁柱不受导轨的拉力,压力背板也不会从导靴上脱落。

六、电梯在线检测技术

现在很多项目都依靠检验人员进入机房、井道、底坑等进行检验检测,对于在用电梯,还需要暂停使用电梯来进行检测,停用时间一般都至少在半个小时以上,在繁忙的办公楼、公众场所,对于电梯使用者会造成比较大的影响。开发在线检测系统,将该系统接入电梯控制系统,利用无线技术,利用计算机代替人手检测相应项目,从而极大缩短检测时间,这将是未来的发展方向。

七、电梯平衡系数快捷检测技术

平衡系数检测是电梯行业一项量大、面广、要求高的技术工作。平衡系数是曳引式电梯最重要的技术参数之一,合理的平衡系参数是保证曳引式电梯正常工作的必备条件。为了提高检测工作效率,借鉴电梯行业在平衡系数检测领城的科技成果与工作经验。发明了电梯平衡系数快捷检测新技术,其检测原理清晰,数学模型严谨,检测作业只需10分钟。解决了电梯平衡系数检测过程中,需要多次加载及测试装置安装不便等困扰检测效率的问题。

八、电梯远程监测技术

互联网是国家鼓励发展的新兴产业,要利用国家鼓励政策,在电梯安全领域大力发展基于互联网技术的电梯故障监测系统的应用,使电梯使用和维保单位及时发现电梯故障和事故,提高电梯应急救援的及时性,同时也便于电梯故障和事故的统计分析,推动分类监管的实施。有条件的地区,要积极开展研发和应用试点,推进互联网技术的应用,提高电梯安全保障水平。

(一) 统一要求和标准,鼓励研究开发电梯故障监测系统

鼓励支持有关机构加快制定电梯故障监测系统的统一标准或规范,促进相关单位按照统一的标准和要求开展故障监测系统研究和开发,以实现更大范围内的互联互通,同时要考虑部分重要数据上传质监部门的途径,避免不必要的重复投入。

(二) 明确使用维保单位故障监测的主体地位,积极推进电梯故障监测系统的应用

各地应明确使用维保单位作为电梯故障监测的主体地位,鼓励和推进使用维保单位开展电梯故障监测系统的应用试点。要充分发挥维保单位提高维保质量、节约维保成本、提高电梯故障应急救援速度、促进电梯故障率降低等的主观能动性,在不增加群众和相关企业负担的前提下,积极寻求推广电梯故障监测系统应用的合理途径。

(三) 加强电梯事故和故障的统计分析,推进对使用维保单位的动态监管

积极研发电梯动态监管系统,与使用单位和维保单位的监测系统进行数据交换,对各类电梯故障和事故进行统计分析,促进对使用单位和维保单位动态监管的工作。

九、电梯绿色检测技术

"绿色低碳"是21世纪发展的主流色调。电梯检测技术也应该朝着绿色化方向发展,低碳环保理念应该是未来电梯发展的总趋势。发展趋势主要有如下:首先要不断改进电梯检测设备的设计,生产环保型低能耗的电梯检测设备。同时,对于电梯检测设备报废后的处理,也应该引起电梯检测设备生产商的重视。

参考文献

[1]卜四清.电梯检验检测技术[M].苏州:苏州大学出版社,2013.

[2]崔乐芙.建筑塔式起重机[M].北京:中国环境科学出版社,2011.

[3]党林贵,李玉军,张海营,等.机电类特种设备无损检测[M].郑州:黄河水利出版社,2012.

[4]董达善.起重机械金属结构[M].上海:上海交通大学出版社,2011.

[5]冯春杏.起重机轨道检测的双机器人协同控制技术研究[D].镇江:江苏大学,2019.

[6]广东省住房和城乡建设厅.建筑塔式起重机安装检验评定规程[M].北京:中国建筑工业出版社,2010.

[7]郭宏毅,姜克玉,安振木,等.起重机械安装维修实用技术[M].郑州:河南科学技术出版社,2010.

[8]郭长福.论防爆电梯的防爆要求和检验[J].广东科技,2013,22(20):164+94.

[9]黄奶秋.电梯限速器检测系统研究[D].厦门:厦门大学,2017.

[10]金涵逊,殷晨波.起重机械发展趋势——再制造技术探究[J].科技传播,2014,6(07):106+103.

[11]李勤超.门式与桥式起重机电气保护系统的检验技术[J].中国设备工程,2019(03):100-101.

[12]刘爱国,雷庆秋,尹献德,等.桥架型起重机质量检验[M].郑州:河南科学技术出版社,2017.

[13]刘富海.智能电梯工程控制系统技术与应用[M].成都:电子科技大学出版社,2017.

[14]刘贵民,马丽丽.无损检测技术[M].北京:国防工业出版社,2010.

[15]刘少武.起重机械检验数据挖掘系统的设计与实现[D].太原:太

原科技大学,2011.

[16]刘勇,于磊.电梯技术[M].北京:北京理工大学出版社,2017.

[17]马飞辉.电梯安全使用与维修保养技术[M].广州:华南理工大学出版社,2011.

[18]戚政武,林晓明.自动扶梯检验技术[M].北京:中国标准出版社,2016.

[19]王琪冰.电梯工业产业技术创新与发展[M].杭州:浙江大学出版社,2017.

[20]夏文俊.门座式起重机防风性能评估方法研究[D].武汉:武汉理工大学,2017.

[21]肖玉彤,张伟.浅析如何对杂物电梯进行检验[J].科技风,2013(13):259.

[22]徐绍帅.塔式起重机起重臂虚拟检验技术的研究[D].沈阳:沈阳建筑大学,2012.

[23]徐长生,陶德馨.起重运输机械试验技术[M].北京:高等教育出版社,2011.

[24]许林,童宁.电梯安全检验技术[M].合肥:安徽人民出版社,2014.

[25]杨林,李春生,孔凡雪.电梯的安全管理[M].北京:现代教育出版社,2016.

[26]余宁.电梯安装与调试技术[M].南京:东南大学出版社,2011.

[27]喻乐康,孙在鲁,黄时伟.塔式起重机安全技术[M].北京:中国建材工业出版社,2014.

[28]袁化临.起重与机械安全(第二版)[M].北京:首都经济贸易大学出版社,2018.

[29]张华军,袁江.曳引与强制驱动电梯检验技术[M].郑州:郑州大学出版社,2011.

[30]张亚明.起重机设计及检验[M].郑州:河南人民出版社,2016.

[31]周俊坚.起重机静加载试验装置研究[D].杭州:浙江工业大学,2017.

[32]朱大林.起重机械设计[M].武汉:华中科技大学出版社,2014.

[33]朱广慧,宋耀国,耿延庆.起重机安全技术检验[M].郑州:河南人民出版社,2016.